计算机辅助翻译入门

主 编 周伟

参 编 刘雯 辛丹 沈思
高蓓 陆军 郑军

哈尔滨工程大学出版社

内 容 简 介

计算机辅助翻译(Computer Aided Translation,CAT)是利用计算机技术来帮助译者进行翻译的现代翻译技术。它是人机结合的翻译模式,结合了计算机快捷高效与人工准确性两个方面的优点,使繁重的人工翻译流程自动化,有效提高了翻译效率和翻译质量。

全书共分为 8 章,涵盖了机器翻译的历史、原理、方法,当今主流的计算机辅助翻译软件及在线智能语言工具平台介绍,语料库,翻译与本地化技术,桌面排版技术,以及计算机辅助翻译教学等内容。本书从机器翻译入手,系统地介绍了从机器翻译到计算机辅助翻译的演变和发展。内容翔实、脉络清晰、循序渐进、深入浅出、知识性与趣味性相辅相成。

本书适合高校学习"计算机辅助翻译"课程的学生以及广大翻译爱好者使用。

图书在版编目(CIP)数据

计算机辅助翻译入门/周伟主编. —哈尔滨:哈
尔滨工程大学出版社,2017.11
 ISBN 978 - 7 - 5661 - 1731 - 1

Ⅰ. ①计… Ⅱ. ①周… Ⅲ. ①自动翻译系统—研究
Ⅳ. ①TP391.2

中国版本图书馆 CIP 数据核字(2017)第 279295 号

选题策划　丁　伟
责任编辑　雷　霞
封面设计　刘长友

出版发行　哈尔滨工程大学出版社
社　　址　哈尔滨市南岗区东大直街 124 号
邮政编码　150001
发行电话　0451 - 82519328
传　　真　0451 - 82519699
经　　销　新华书店
印　　刷　北京中石油印刷有限责任公司
开　　本　787 mm × 1 092 mm　1/16
印　　张　8.75
字　　数　230 千字
版　　次　2017 年 11 月第 1 版
印　　次　2017 年 11 月第 1 次印刷
定　　价　35.00 元
http://www.hrbeupress.com
E - mail:heupress@ hrbeu.edu.cn

前　　言

  翻译是人们克服语言障碍达到交流的手段,有着悠久的历史,几乎同语言本身一样古老。Machine Translation(MT)一般译为"机器翻译",也叫电子翻译,是"使用电子计算机把一种语言(源语言source language)翻译成另外一种语言(目标语target language)的一门新学科"。这门新学科涉及语言学、计算机科学、认知科学等多学科的综合性研究领域,也是国际上激烈竞争的高科技研究领域之一,属于实用的信息处理学科和语言翻译学科。自从20世纪40年代问世以来,经历了几十年的发展,但MT系统的翻译准确率长期徘徊在70%左右,译文的可读性、系统对语言现象的覆盖面、系统的鲁棒性尤其是开放性都不尽如人意。社会迫切需要对真实文本进行大规模的处理,而MT系统同当今社会对大规模真实文本处理的期望相差甚远。人们已经从早期盲目乐观的全自动高质量机器翻译(Fully Automated High Quality Machine Translation,FAHQMT)逐渐转变为目前比较现实可行的计算机辅助翻译。人们意识到,在当前的技术条件下,完全依靠计算机的全自动翻译是不可靠的,在翻译过程中人的参与不可或缺,其重要性不可替代。在此情况下,研究者将目光投向了计算机辅助翻译(Computer Aided Translation,CAT)。时至今日,计算机辅助翻译技术已经发展得如火如荼,在技术文本、科技文献翻译领域发挥着不可或缺的作用,计算机辅助翻译工具已经成为译员以及语言服务公司的必备神器。

  全书共分为8章,涵盖了机器翻译的历史、原理、方法,当今主流的计算机辅助翻译软件及在线智能语言工具平台介绍,语料库,翻译与本地化技术,桌面排版技术,以及计算机辅助翻译教学等内容。本书从机器翻译入手,系统地介绍了从机器翻译到计算机辅助翻译的演变和发展。内容翔实、脉络清晰、循序渐进、深入浅出、知识性与趣味性相辅相成。

  参加本书编写工作的人员及分工如下:周伟(开篇、第1章、第2章、第7章、第8章)、辛丹(第3章)、沈思(第4章)、刘雯(第5章)、高蓓(第6章)。陆军、郑军参与了部分章节资料的收集与整理工作。周伟负责全书的总体设计、编辑和统稿,并负责全书的校对和审定工作。还有很多人,虽然他们的名字并没有出现在编委之列,但是他们为本书的成稿和出版给予了无私的帮助,作者谨在此对他们一并表示感谢。

  在本书的编写过程中,编者参考了国内外许多专家学者的研究成果和网络资源,虽然都按照学术研究规范进行了标示,但难免有不当或遗漏之处,敬请谅解,在此向他们表示由衷的谢意和敬意。

  本书是中央高校基本科研业务费专项资金项目(GK2130260106);黑龙江经济社会发展重点研究课题(外语学科专项)(项目编号:WY2016036-B);哈尔滨工程大学2017年大学生创新创业训练支持计划项目(HEUBKSY07012)的阶段性研究成果。

  由于我们的学识和水平有限,在选材和编辑过程中纰漏之处在所难免,敬请广大读者批评指正,不胜感激。

编　者
2017年8月

目　　录

开 篇

计算机辅助翻译(Computer Aided Translation),类似于计算机辅助设计(CAD),实际起了辅助翻译的作用,简称 CAT。它能够帮助翻译者优质、高效、轻松地完成翻译工作。它不同于以往的机器翻译软件,不依赖于计算机的自动翻译,而是在人的参与下完成整个翻译过程,与人工翻译相比,质量相同或更好,翻译效率可提高一倍以上,使得繁重的手工翻译流程自动化,并大幅度提高了翻译效率和翻译质量。CAT 的定位:机器翻译软件设计的目的是让机器代替人进行翻译,主要是针对外语基础比较差的用户,帮助他们解决基本的语言障碍问题。而计算机辅助翻译软件(CAT)则是针对外语水平比较高的用户群,强调的是辅助翻译的作用,而不是替代人的翻译工作。

计算机辅助翻译是一个新兴研究领域,和其他成熟领域相比,计算机辅助翻译的研究较晚。不成熟的标志之一就是对这一类研究的称呼不统一,常见其他说法就有"翻译技术""计算机技术在翻译中的应用""语言技术"和"本地化技术"等。这些名称较为接近,所指内容也基本相同,但如果仔细推敲还是能发现各称呼的细微差异。为便于描述,根据文献调查和笔者的实际经验,对于上述 5 个名称,可做如下区分:计算机辅助翻译,这个称呼的含义最广,可以用来泛指所有用来辅助翻译的技术。根据学者 Amparo 的研究,计算机辅助翻译是研究如何设计或应用"方法、工具和资源",以便帮助译员更好地完成翻译工作,同时也能有助于研究和教学活动的进行。

计算机辅助翻译在学界多指计算机辅助翻译技术,研究者有袁亦宁、徐彬和王华树等。他们认为计算机辅助翻译技术有广义与狭义之分,广义的 CAT 技术指"对各种计算机操作系统和应用软件的整合应用",如"文字处理软件、文本格式转换软件、电子词典、在线词典和包括计算机、扫描仪、传真机等在内的硬件设备等",而狭义的则指"专门为提高翻译效率、优化翻译流程而开发的专用软件和专门技术"。计算机辅助翻译的研究重点是狭义的翻译技术。

1. 计算机辅助翻译的优势

(1)翻译经验的无限活用以及省去重复性劳动

由于专业翻译领域所涉及的翻译资料数量巨大,而范围相对狭窄,集中于某个或某几个专业,如政治、经济、军事、航天、计算机、医学、通信等专业,这就必然带来翻译资料不同程度的重复。翻译记忆可以自动搜索、提示、匹配术语,记忆和复现高度相似的句子。对相同的句子永远不用再翻译第二次,而且有些 CAT 软件还可以做到以例句为模板,对相似句子进行准确的自动替换翻译。应用 CAT 软件,可以使人脑从重复性劳动和体力劳动中解放出来,无须记忆过多的术语信息,专心从事创造性的翻译工作。

(2)查词方便且易于积累

不用 CAT 软件进行翻译的译者,工作模式基本上是 Word + 电子词典,他们翻译的成果难以重复利用,而且在电子词典中查找生词,虽然已经比直接翻阅词典书籍方便了很多,但仍然比不上 CAT 软件的高效。有些 CAT 软件自带数十个不同专业的词典,还可以导入用户的词典,翻译时可以自动弹出屏幕取词窗口供输入参考。

(3)减少击键次数,提高录入速度

利用 CAT 的自动词语翻译和自动弹出屏幕取词窗口,不但可以免去查词典的麻烦,还可以很好地减少翻译时击键的次数,提高输入速度。

(4)保证术语的一致性

对于科技文献译者,非常关心的是术语的前后一致性,尤其是多人协作翻译较大的科技项目时,如何保持术语一致。如果没有高水平的术语管理系统支持,仅靠后期校对把关,术语就很难保证统一。而 CAT 采用共享术语库的方式,无论是单人翻译,还是多人协作翻译,都能很好地保证译稿术语的一致性。

(5)词频统计,提前掌握文章中的高频词

拿到一个待译文件,在对它进行翻译之前,利用 CAT 软件的"词频统计"功能可以预先统计出文章中的高频词语。若在翻译之前对它们进行准确的定义,将会对日后的翻译工作起到事半功倍的作用。词频统计不但可以从待译文提取高频语,还可以从记忆库中提取,并将它们定义在词典中。

(6)双语对齐工具,快速创建大型记忆库

应用 CAT 软件高效的原因在于拥有一个大型、准确的记忆库资源。CAT 软件除了可以自动记录你翻译过的句子,而且还提供了一个非常高效的双语对齐工具,可以将用户收集、整理的双语资料进行自动句子对齐,把这些有用的资源添加到用户的记忆库中。

(7)质量检查保障译文的质量

好的 CAT 软件还有强大的质量控制功能,除保证术语的前后一致外,还可校验原文和译文的数字是否吻合,而且还有漏译检查、拼写检查、错别字检查、标点符号检查和一定的语法检查。

(8)质量与数量分析和管理

翻译员需要了解如何分析任务,以便可以更改新的不同翻译任务的合理价格、整个文档的修订,以及词汇表和 TM 更新等。主要 CAT 工具将具有计算字数、翻译单元和单位、分析文本、比较新材料部分和预翻译材料等功能。共用一种 CAT 工具(例如 SDL Trados)使自由译者和项目经理可以事先就多少内容是全新翻译、多少内容需要修订等事项达成一致。

2.计算机辅助翻译局限

计算机辅助翻译工具更适用于术语重复率高的科技类文本,这是术语库、翻译记忆库能发挥效力的地方。计算机辅助翻译工具不适合文学文本,因为其修辞丰富,上下文联系紧密。文学文本中有大量的反语、讽刺等引申意义,这是机器目前所无法胜任的。除此之外,语言的模糊性也会给机器翻译增加难度。其局限如下:

(1)某些 CAT 软件的价格比较高,普通译者难以承受;

(2)CAT 软件是辅助人工进行翻译,不能完全取代人工翻译;

(3)如果没有专业化大型的翻译记忆库和术语库的支持,CAT 软件的作用会大打折扣;

(4)CAT 软件主要是针对非文学、专业技术文本翻译,对于重复率较低的文学文本翻译就勉为其难了;

（5）目前 CAT 软件仍然以句子为单位对文本进行切分,并在句子层面进行翻译,对原文理解造成了一些困难;

（6）某些 CAT 软件的学习曲线比较陡峭,功能比较多、设置比较复杂,需要译者耐心学习,才能最终熟练掌握;

（7）尽管 CAT 软件支持的源文件格式很多,但对于格式复杂的工程图表以及图片等文件的支持不尽如人意,有时标记符号多得惊人,处理起来非常麻烦;

（8）自带词典的 CAT 软件在翻译过程中忽视了句法的复杂性、语言的模糊性、专业上的限制。

第1章　机器翻译概论

1.1　什么是机器翻译

机器翻译(machine translation)是使用电子计算机把一种自然语言(源语言,source language)翻译成另外一种自然语言(目标语言,target language)的一门学科。机器翻译又称自动化翻译,它是应用语言学中的一门新兴的实验性学科,研究如何利用电子计算机按照一定程序自动进行自然语言之间的翻译问题。这门新学科同时也是一种新技术,它涉及语言学、计算机科学、数学等许多学科,是非常典型的多边缘交叉学科。在语言学中,机器翻译是计算语言学的一个研究领域;在计算机科学中,机器翻译是人工智能的一个研究领域;在数学中,机器翻译是数理逻辑和形式化方法的一个研究领域。

1.2　机器翻译的历史

在计算机诞生之前,人类就萌生出一种极富魅力的梦想。希望有一天能够制造出一种机器,请它在讲不同语言的人之间充当翻译。把这种翻译机器揣在口袋里就能走遍天下:到了英国,它讲英语;到了法国,它又会讲法语……,无论操何种语言的外国人与你谈话,只要拨一下开关,它都能在两种不同语言间充当"第三者",准确地表情达意。人类有了它,"天下谁人不识君"呢?

1. 机器翻译的萌芽期

关于用机器来进行语言翻译的想法,远在古希腊时代就有人提出过了。在 17 世纪,一些有识之士提出了采用机器词典来克服语言障碍的想法。笛卡儿(Descartes)和莱布尼兹(Leibniz)都试图在统一的数字代码的基础上来编写词典。在 17 世纪中叶,贝克(Cave Beck)、基尔施(Athanasius Kircher)和贝希尔(Johann Joachim Becher)等人都出版过这类的词典。由此开展了关于"普遍语言"的运动。维尔金斯(John Wilkins)在《关于真实符号和哲学语言的论文》(*An Essay towards A Real Character and Philosophical Language*,1668)中提出的中介语(Interlingua)是这方面最著名的成果,这种中介语的设计试图将世界上所有的概念和实体都加以分类和编码,有规则地列出并描述所有的概念和实体,并根据它们各自的特点和性质,给予不同的记号和名称。

1903 年,古图拉特(Couturat)和洛尔(Leau)在《通用语言的历史》一书中指出,德国学者里格(W. Rieger)曾经提出过一种数字语法,这种语法加上词典的辅助,可以利用机械将一种语言翻译成其他多种语言,首次使用了"机器翻译"这个术语。

20 世纪 30 年代初,亚美尼亚裔的法国工程师阿尔楚尼(G. B. Artsouni)提出了用机器来进行语言翻译的想法,并在 1933 年 7 月 22 日注册了一项名为"机械脑"(mechanical brain)的"翻译机"专利。这种机械脑的存储装置可以容纳数千个字元,通过键盘后面的宽纸带,进行资料的检索。阿尔楚尼认为它可以用来记录火车时刻表和银行的账户,尤其适合于作机器词典。在宽纸带上面,每一行记录了源语言的一个词项以及这个词项在多种目标语言中的对应词项。在另外一条纸带上对应的每个词项处,记录着相应的代码,这些代码以打孔来表示。"机械脑"于 1937 年正式展出,引起了法国邮政、电信部门的兴趣。但是,由于不久爆发了第二次世界大战,阿尔楚尼的"机械脑"未能安装使用。

1933 年,苏联发明家 Π. Π. 特洛扬斯基设计了用机械方法把一种语言翻译成另一种语言的机器,并在同年 9 月 5 日登记了他的发明。1939 年,特洛扬斯基在他的翻译机上增加了一个用"光元素"操作的存储装置。1941 年 5 月,这部实验性的翻译机已经可以运作。但是,由于 20 世纪 30 年代技术水平有限,特洛扬斯基的翻译机最终没有研制成功。1948 年,特洛扬斯基计划在此基础上研制一部"电子机械机"(electro - mechanical machine)。但是,由于当时苏联的科学家和语言学家对此反应十分冷淡,特洛扬斯基的翻译机没有得到支持,最后以失败告终了。

2. 机器翻译的草创期

1946 年,美国宾夕法尼亚大学的埃克特(J. P. Eckert)和莫希莱(J. W. Mauchly)设计并制造出了世界上第一台电子计算机 ENIAC。在电子计算机问世的同一年,英国工程师布斯(A. D. Booth)和美国洛克菲勒基金会副总裁韦弗(W. Weaver)在讨论电子计算机的应用范围时,就提出了利用计算机进行语言自动翻译的想法。1947 年 3 月 6 日,布斯与韦弗在纽约的洛克菲勒中心会面,韦弗提出,"如果将计算机用在非数值计算方面,是比较有希望的"。在韦弗与布斯会面之前,韦弗在 1947 年 3 月 4 日给控制论学者维纳(N. Wiener)写信,讨论了机器翻译的问题,韦弗说:"我怀疑是否真的建造不出一部能够做翻译的计算机?即使只能翻译科学性的文章(在语义上问题较少),或是翻译出来的结果不怎么优雅(但能够理解),对我而言都值得一试。"可是,维纳在 4 月 30 日给韦弗的回信中写道:"老实说,恐怕每一种语言的词汇,范围都相当模糊;而其中表示的感情和言外之意,要以类似机器翻译的方法来处理,恐怕不是很乐观的。"

1949 年,韦弗发表了一份以《翻译》为题的"备忘录",正式提出了机器翻译问题。在这份备忘录中,他除了提出各种语言都有许多共同的特征这一论点之外,还有两点值得我们注意:第一,他认为翻译类似于解读密码的过程。他说:"当我阅读一篇用俄语写的文章的时候,我可以说,这篇文章实际上是用英语写的,只不过它是用另外一种奇怪的符号编了码而已,当我在阅读时,我是在进行解码。"第二,他认为原文与译文"说的是同样的事情",因此,当把语言 A 翻译为语言 B 时,就意味着,从语言 A 出发,经过某一"通用语言"(Universal Language)或"中间语言"(Interlingua),然后转换为语言 B,这种"通用语言"或"中间语言",可以假定是全人类共同的。韦弗先生的设想简单明晰,颇有吸引力,引起了美国科学界人士极大的兴趣。当历史跨入 20 世纪 50 年代后,美国人甚至有点迫不及待。因为在激烈的世界科技竞争面前,大部分美国科学家和工程师都不能阅读俄语书,而大部分苏联科学家和工程师却都精通英语。美国科学家十分担心自己会跟不上俄国人定期发布的优秀科技论文的水平。机器翻译的研究项目因此受到了高度重视并获得大量的经费资助。

由于学者的热心倡导,实业界的大力支持,美国的机器翻译研究一时兴盛起来。美国计算机界铆足了劲,要一举摘下机译的皇冠。1954 年,美国乔治敦大学在国际商用机器公司(IBM)的协同下,用 IBM - 701 计算机进行了世界上第一次机器翻译试验,把几个简单的俄语句子翻译成英语。韦弗设想的那种"词对词"的计算机翻译系统开始了它的蹒跚学步。

粗略想一想,在两种语言间实现"逐词替换"似乎并不困难。比如,想把英语句子翻译成汉语,只需把英语句子分解为单词,用对应的汉语单词顶替,然后按汉语语法规则整理成句式。"This is a computer"是一个英语句子,分别把"this"用"这","is"用"是","a"用"一台","computer"用"计算机"替换,不就翻译成汉语句子"这是一台计算机"了吗? 这里所需要的是大量储存并快速搜索两种语言的对应词汇,而"大量储存""快速搜索"恰好是计算机的拿手好戏。美国人初期开发的机译系统正是"俄英翻译",他们也确实把俄语文献翻译成了英语版本。继美国之后,苏联、英国、日本也进行了机器翻译试验,机器翻译出现热潮。

3. 机器翻译的萧条期

可惜好景不长,早期从事机译的人们很快就沮丧地发现,通过逐词替换,大约可完成80%的翻译工作,还有20%的文字根本"顶替"不下来。更不能容忍的是,整个翻译过程极慢,甚至达不到人工翻译的速度;同时,机器翻译的文章必须由人进行整理才能读得通,还不如让人自己来干。当时的机器翻译闹出了不少笑话。据说,当美国人向计算机里输入一个英语谚语"心有余而力不足"时,输出的俄语意思却变成"酒是好的,但肉已经变质"。再输入一则谚语"眼不见,心不烦",你知道机器把它译成了什么? 输出俄语的意思实在叫人啼笑皆非——"眼睛失明,精神失常",这大概就是那台翻译机器的自我写照吧。如此一来,计算机翻译背上了一个很糟糕的名声,人们的热情一落千丈。

1964年,美国科学院成立"语言自动处理咨询委员会"(Automatic Language Processing Advisory Committee,简称 ALPAC 委员会),以调查和评估机器翻译的研究情况,并于1966年11月公布了一个题为《语言与机器》的报告,简称 ALPAC 报告(又称黑皮书)。ALPAC 报告对机器翻译采取否定的态度,宣称:"在目前给机器翻译以大力支持还没有多少理由";报告还指出,机器翻译研究遇到了难以克服的"语义障碍"(semantic barrier)。在 ALPAC 报告的影响下,许多国家的机器翻译研究陷入低潮,许多已经建立起来的机器翻译研究单位遇到了行政上和经费上的困难。在世界范围内,机器翻译的热潮突然消失了,出现了空前萧条的局面。机器翻译的先驱者们大都陷入了迷茫:像计算机这种无生命的机器,真的能够完成只有人类大脑才能承担的翻译工作吗?

4. 机器翻译的复苏期

在20世纪60年代机器翻译的研究低潮阶段,法国、日本、加拿大等国的科学家仍然坚持着机器翻译研究。机译界的人们并没有完全停止耕耘,不过,的确需要认真地反思,找出问题的症结所在。用逐词顶替的方法为什么不能得到满意的翻译结果? 可以设想一下,人类自己担任翻译时,是否也只是做了这种替代呢? 显然,任何一个人,哪怕他把一本《双语词典》背得滚瓜烂熟也当不成翻译,关键在于理解所翻译文章意思的同时,还要掌握各种相关知识。而在"词对词"机译系统中,把"computer"一词用"计算机"一词替代,担任翻译的机器并不理解"计算机"或"computer"是什么东西。换言之,让电脑"理解"人类语言应该是机译突破的焦点。

让机器理解人类的语言谈何容易! 语言是人类进行思维判断和相互交际最主要的工具,有了语言,人类才最终从动物里划分出来,成为真正的人。今天我们为计算机编制程序的语言都是"人工语言",而人类自己使用的语言却都叫"自然语言"。如果说,机译实现的唯一通路在于"自然语言理解",那么,成功的希望已经寄托在"人工智能"的研究之上,让机器增加智能,像人那样学会用自然语言"思维"。当然,还特别需要借助语言学家、心理学家的协助和支持,它必须成为一门综合性学科。

接触过计算机的人都知道"人机对话"这一术语,像 BASIC 那样的语言还被加上了"人机对话语言"的桂冠,似乎机器早就可以与人"交谈"。千万不要把这种"高级语言"想象得神乎其神,其实,人机之所以能够对话,是人学会了计算机语言,而不是计算机学会了人的语言。

经过漫长的历史岁月,人类语言已发展到极其复杂的阶段。一个人即使想要掌握本国的母语,从出生开始,直到小学、中学,甚至上了大学还得孜孜不倦地学习。以汉语为例,除了书面语之外,还有大量不规范的口语、方言俚语。例如,在一个传统的相声段子里,逗捧双方演员打赌,看谁能用最短的方言表现一个情节:小孩夜间起床小便,家人问他干什么。结果,用河南方言的表演令人叫绝,他只用了四个字:"谁?""俺。""啥?""尿。"这种精练的语言,叫机器如何理解?

为了帮助机器初步学习理解人类语言,人工智能的研究者做过各种实验,开始艰难的探索历程。例如,1961 年美国曾发明一个名叫"棒球"的系统。通过技术处理,这一系统能够回答人们用英语提出的有关美国棒球锦标赛的一些问题。如"红队 7 月在哪里比赛?""蓝队曾在一节中赢过 6 分吗?"等,还只能算是雕虫小技。

在这类实验性的研究中,1966 年美国麻省理工学院的威森鲍姆编写的"伊莉莎"(ELIZA)可能是最有趣的语言程序之一。"伊莉莎"取名于英国著名戏剧家萧伯纳的戏剧《偶像》中的角色,它能够使计算机与人用英语谈话。在自然语言理解技术尚未真正取得突破性进展时,这是一个令人费解的现象。请看"伊莉莎"在计算机上与一位姑娘的谈话摘要:

伊莉莎:在哪些方面?

姑娘:他们总找借口躲避我们。

伊莉莎:你能举个例子吗?

姑娘:好吧,我的男朋友要我到你这里来。

伊莉莎:哦,你的男朋友要你到我这里来。

姑娘:他说我很烦闷。

伊莉莎:你很烦闷,这使我很难过。

根据上述对话,"伊莉莎"不仅听懂了姑娘的讲话内容,而且很有同情心,像知心朋友一样给人以安慰。这个程序发表后,许多心理学家和医生都想请它为人进行心理治疗,一些病人在与它谈话后,对它的信任甚至超过了人类医生。这种状况令程序编制者和人工智能专家们深感忧虑:一台机器居然让一些受过良好教育的人和它进行长时间的亲密交谈,而机器其实完全不理解人的喜怒哀乐!

仔细分析"伊莉莎"与人对话的内容,一旦明白了其中的奥妙,对话人可能会大呼上当。"伊莉莎"对人说的话,只不过是颠倒一下谈话人的语序,为其中的某些"关键词"匹配上合适的"对应词",然后再返回给谈话人。当然,它的编排相当巧妙,比如你说"很烦闷",它就说"很难过";你说"我想哭",它就问"为什么想哭"。当它找不到合适的对应词回答问题时,为了避免出洋相,它就机敏地讲一些无关痛痒的废话搪塞一下,如"这很有意思,请继续说",或者"请你说详细点好吗?"从技术观点看,"伊莉莎"程序与人的对话,不是在对句子理解的基础上进行的,顶多给人们开了一个小小的玩笑。"伊莉莎"的作者后来也承认说:"我没有想到,一个简单的计算机程序,在极短的时间内会在用正常方式思考的人们中间引起了如此大的误会,今后在解决问题时需要考虑这种因素。"

机器翻译,本质上是对人类思维和语言活动的模拟。解决这一难题的途径是对人类的语言做出科学的分析,获取人类思维活动的材料,然后才能正确地构造可以解释人类行为的计算机程序。在这一点上,语言学家给了人工智能研究很大的支持。

在 20 世纪 70 年代初期,由于现实的需要及技术的进步,机器翻译又出现了复苏的局面。这一时期,研究者们普遍认识到,源语和译语两种语言的差异,不仅只表现在词汇的不同上,而且还表现在句法结构的不同上,为了得到可读性强的译文,必须在自动句法分析上多下功夫。美国、加拿大、法国、日本、苏联都先后建立了一批翻译能力较强的机器翻译系统。有的系统已提供给一些单位试用,如法国的俄 – 法机器翻译系统。有的系统已在一定范围内正式投入使用,如加拿大的 TAUM – METEO 英 – 法机器翻译系统,用于天气预报。还有的系统已投入市场,如美国的 SYSTRAN 系统和 WEIDNER 系统。前者在大计算机上运行,每小时能译几十万词,但译后需加工。后者在微型机上运行,速度虽比前者慢,但仍比人译得快。

早在 1957 年,美国学者英格维(V. Yingve) 在《句法翻译的框架》(Framework for syntactic translation) 一文中就指出:"一个好的机器翻译系统,应该分别地对源语和译语都做出恰如其分的描写,这样的描写应该互不影响,相对独立。"英格维主张,机器翻译可以分为三个阶段来进行。

第一阶段:用代码化的结构标志来表示源语文句的结构;

第二阶段:把源语的结构标志转换为译语的结构标志;

第三阶段:构成译语的输出文句。

这个时期机器翻译的另一个特点是语法(grammar) 与算法(algorithm) 分开。早在 1957 年,英格维就提出了把语法与"机制"(mechanism) 分开的思想。英格维所说的"机制",实质上就是算法。所谓语法与算法分开,就是要把语言分析和程序设计分开,程序设计工作者提出规则描述的方法,而语言学工作者使用这种方法来描述语言的规则。语法和算法分开,是机器翻译技术的一大进步,它非常有利于程序设计工作者与语言工作者的分工合作。

这段复苏期的机器翻译系统的典型代表是法国格勒诺布尔理科医科大学应用数学研究所(IMAG) 自动翻译中心(CETA) 的机器翻译系统。这个自动翻译中心的主任沃古瓦(B. Vauquois) 教授明确地提出,一个完整的机器翻译过程可以分为如下 6 个步骤:

(1)源语词法分析;

(2)源语句法分析;

(3)源语译语词汇转换;

(4)源语译语结构转换;

(5)译语句法生成;

(6)译语词法生成。

其中,第(1)(2)步只与源语有关;第(5)(6)步只与译语有关;只有第(3)(4)步牵涉到源语和译语二者。

这就是机器翻译中的"独立分析—独立生成—相关转换"的方法。他们用这种方法研制的俄 – 法机器翻译系统,已经接近实用水平。

他们还根据语法与算法分开的思想,设计了一套机器翻译软件 ARIANE – 78。这个软件分为 ATEF,ROBRA,TRANSF 和 SYGMOR 4 个部分。语言工作者可以利用这个软件来描述自然语言的各种规则。

ATEF 是一个非确定性的有限状态转换器,用于源语词法分析,它的程序接收源语文句作为输入,并提供出该文句中每个词的形态解释作为输出;ROBRA 是一个树形图转换器,它的程序接收词法分析的结果作为输入,借助语法规则对此进行运算,输出能表示文句结构的树形图;ROBRA 还可以按同样的方式实现结构转换和句法生成;TRANSF 可借助双语词典实现词汇转换;SYGMOR 是一个确定性的树－链转换器,它接收译语句法生成的结果作为输入,并以字符链的形式提供出译文。

同一时期,美国斯坦福大学威尔克斯(Y. A. Wilks)提出了"优选语义学"(preference semantics),并在此基础上设计了英－法机器翻译系统。这个系统特别强调在源语和译语生成阶段,都要把语义问题放在第一位。英语的输入文句首先被转换成某种一般化的通用的语义表示,然后再由这种语义表示生成法语译文输出。由于这个系统的语义表示方法比较细致,能够解决仅用句法分析方法难以解决的歧义、代词所指等困难问题,因此译文质量较高。

5. 机器翻译的繁荣期

20 世纪 70 年代末,机器翻译进入了它的另一个全新时期——繁荣期(1976—1980年)。繁荣期的最重要的特点是机器翻译研究走向了实用化,出现了一大批实用化的机器翻译系统。机器翻译产品开始进入市场,变成了商品。由机器翻译系统的实用化引起了机器翻译系统的商品化。

6. 机器翻译的平台期

整个 20 世纪 90 年代,机器翻译进入了一个平台期。基于规则的机器翻译方法理论上无法突破。在应用上,机器翻译由于受到翻译质量制约,难于进一步扩展,反而是基于翻译记忆思想的计算机辅助翻译获得了巨大进展。就在机器翻译进入平台期的时候,一些新的因素也在萌芽。先后出现了基于实例的机器翻译思想以及基于统计的机器翻译思想。互联网的出现大大促进了机器翻译的需求。

7. 统计机器翻译的新热潮

从 1999 年开始,出现了一个机器翻译的新热潮,其最主要的特征是统计机器翻译方法开始占据主导地位,机器翻译的质量出现了一个跨越式的提高。

20 世纪 80 年代末,IBM 首次开展统计机器翻译研究。1992 年 IBM 首次提出统计机器翻译的信源信道模型;1993 年 IBM 提出 5 种基于词的统计翻译模型:IBM Model 1～5;1994年 IBM 发表论文给出了 Candide 系统与 Systran 系统在 ARPA 评测中的对比测试报告;1999年 JHU 夏季研讨班重复了 IBM 的工作并推出了开放源代码的工具;2001 年 IBM 提出了机器翻译自动评测方法 BLEU;2002 年 NIST 开始举行每年一度的机器翻译评测。2002 年第一个采用统计机器翻译方法的商业公司 Language Weaver 成立。

2002 年 Franz Josef Och 提出统计机器翻译的对数线性模型。2003 年 Franz Josef Och 又提出对数线性模型的最小错误率训练方法。2004 年 Philipp Koehn 推出 Pharaoh(法老)标志着基于短语的统计翻译方法趋于成熟。2005 年 David Chiang 提出层次短语模型并代表 UMD 在 NIST 评测中取得好成绩。2005 年 Google 在 NIST 评测中大获全胜,随后 Google 推出基于统计方法的在线翻译工具,其阿拉伯语－英语的翻译达到了用户完全可接受的水平,目前已经可以支持 40 多种语言的互译。2006 年 NIST 评测中 USC－ISI 的串到树句法模型第一次超过 Google(仅在汉英受限翻译项目中)。

1.3 中国机器翻译的历史

1. 中国机器翻译的历史(1)

新中国机器翻译研究起步于1957年,是世界上较早开始进行机器翻译研究的国家。1959年新中国成立十周年之际,我国第一个机器翻译系统诞生了,这就是中国科学院(简称中科院)语言研究所与计算技术研究所(简称计算所)合作的"俄译汉的翻译系统",标志着我国继美国、苏联、英国和日本之后,成为世界上第5个机器翻译试验成功的国家。但是,这个系统还很不成熟,当时只做了9个不同类型的句子翻译的实验,所采用的机器是我国早期自行研制的104机。当时还没有解决计算机的汉字信息处理问题,外围设备也很差,无法在屏幕上显示翻译好的汉字,只能输出穿孔纸带,外行人根本看不懂,所以谈不上什么实用性。但是,这个成果证明了用机器帮助人把外文翻译成中文是可行的。因此,当时的《科学通报》发表了这个有重要学术价值的成果。

2. 中国机器翻译的历史(2)

20世纪60年代中期以后我国器翻译研究一度中断,"文革"后期的748工程,对机器翻译重新给予了重视。直到70年代中期后机器翻译研究才有了进一步的发展。1975年成立了由情报所、语言所、计算所、冶金部、林业部、核工业部、化工研究院、中国医学科学院等单位参加的全国机器翻译协作研究组,以冶金题录5 000条为试验材料,制订英汉机器翻译方案并上机试验。1976年粉碎"四人帮"后,机器翻译研究全面复苏。1978年在计算所111机上进行"英汉冶金题录机器翻译系统"的抽样试验,抽样20条,达到了预期的效果。当时用机器翻译系统翻译整篇文章还比较困难。因此,这个机器翻译系统主要用于翻译外文资料的题目。

3. 中国机器翻译的历史(3)

20世纪80年代中期以后,中国的机译界奋起直追世界潮流,上机试验过的就有英汉、俄汉、法汉、德汉、日汉等"一对一"系统,以及汉译英、法、德、俄、日等"一对多"系统。军事科学院曾经开发出"科译一号(KY - 1)"实用型全文与题录兼容的英汉机器翻译系统,在富士通中型机上运行,由COBOL语言编写,原型系统运行效果良好,译文质量较高。它获得了国家科技进步二等奖。1986年,中软公司发现了这个机器翻译系统,就把它买下来,用C语言改编成在PC上运行的机器翻译系统,并且把它商品化,取名叫作"译星"。当时的"译星"系统,每小时大约可翻译英语单词1 000个(即每分钟十几个单词)。"译星"的诞生有着特殊的历史意义:首先,它是我国第一个运行在PC机上的机器翻译软件;其次,它也是我国第一个商品化的机器翻译系统。除了翻译速度不太令人满意外,"译星"翻译的文字还算基本通顺,个别句子虽不大符合汉语语序,有的词译得不够贴切,但只需作些整理和稍加润色,就可以直接付印。"译星"的寓意也许是"机译之星",时隔几年后,一颗更加璀璨的机译明星使中国的机器翻译研究跻身于世界的最高水平。

1985年,年仅24岁的陈肇雄还在攻读博士学位,却毅然接受了他的导师、中科院学部委员高庆狮教授交下的课题,准备向世界水平的机器翻译发起冲击。机器翻译的研究道路对陈肇雄来讲,似乎比别人更为艰辛。虽然他在智能计算机程序技术方面已小有成就,但对机译则几乎完全是空白。经过3年的刻苦钻研,他广泛涉猎各种相关学科的知识,学习国内外机译界多年积累的经验。"初生牛犊不怕虎",陈肇雄在学习中继承,在继承中创新,独创性地提出了一套"基于不完备知识的机译分析"理论,突破了复杂多义区分、上下文相关处理、多种知识交叉分析等一系列关键难题。1988 年,陈肇雄的研究被列入国家"863"高科技研究计划。也就是在这年,他在第 12 届国际计算机语言学大会上宣读的有关论文,得到了国外专家高度的评价,大会主席称赞他"指出了一个雄心勃勃的新方向"。

陈肇雄的研究决不仅仅只是一个"方向",他要把它做成中国高性能的翻译机器。接下来又是一个奋战的 3 年。陈肇雄和一批专家们,靠着"863"计划拨给的 44 万元极其有限的经费,为理论框架设计语言规则,编制翻译软件。那堆积成 3 米多高的稿纸,不知道耗费了他们多少心血,熬过了多少不眠之夜……整整 6 年的卧薪尝胆,陈肇雄的"智能型英汉翻译系统 IMT/EC863"通过了国家鉴定,它在总体上超过了国内外同类系统,处于国内外领先地位。1992 年,陈肇雄成了中国科学院最年轻的研究员之一。

两个月后,他把数万个词汇、数十万个对应词和数十万个翻译规则压缩到 100 KB 字节,完成了袖珍型电子翻译机的软件开发,能在几秒钟内实时翻译一个整句。香港的一家公司购买这一软件,不久,世界上第一台袖珍翻译机——快译通 EC – 863A 被中国人率先造了出来。袖珍翻译机——揣在衣兜里的翻译机器——人类多年来的夙愿,终于迈出了"美梦成真"的一步。1997 年 6 月,陈肇雄带领与他一起奋斗多年的中科院 200 多名员工,创建了华建电子有限公司,注册资金达 100 万,其中 30% 是以知识产权入股。陈肇雄出任公司总裁后,没有离开实验室,他一边搞科研课题,一边带博士生和硕士生。他推出的"智能型英汉机器翻译系统 IMT/EC863",荣获国家科委颁发的科学技术进步一等奖。而他领导的公司也在短短的三年里,在电子词典、掌上电脑、网上通、网络信息处理系统上获得长足的发展,不仅使我国的机器翻译技术日趋成熟,而且公司资产达到 6 个亿,连美国 IBM 公司也代理了他们的产品。

然而,就目前已有的成就来看,离终极目标仍相差很远。翻译机器还不会"听译"和"口述",还不能准确地翻译不规范的口语,还不能做到本文开头所设想的那样:"只要拨一下开关,它都能在任何语言之间充当第三者"。换言之,它的智能还赶不上人类优秀翻译专家的功底。机器翻译面对的是人类的语言,是人类思维绽开的最鲜艳最美丽的花朵。在语言的领域里耕耘,正所谓"海阔凭鱼跃,天高任鸟飞"。虽然这片希望的原野上还布满荆棘,还有许多未曾开垦的处女地,但是,辛勤劳作的收获将使机器最终走进人类的心灵。

4. 中国机器翻译的历史(4)

邮电科研院研制的"MT – IR – EC"也是一个非常实用的通信题录系统。人们利用它翻译出版通信题录刊物,从而使刊物的发行效率得到很大的提高,它因此成了第一个荣获国家科技进步奖的机译系统。20 世纪 80 年代中后期,中国参加了由日本发起的亚洲五国机器翻译研发的合作项目。国内近 10 个单位参加了这一长达 7 年的国际项目。这次的大协作对于培养人才、传播技术、积累资源(如词典等),以及使中国的机译研究走向世界,都有着深远的影响。

另外,这个时期又正值"七五"(第七个五年计划),它给了更多的单位和研究人员参与机器翻译研究的机会。

5. 中国机器翻译的历史(5)

20 世纪 90 年代初,高立公司与社科院语言研究所联合开发了高立机器翻译系统。这是在 20 世纪 50 年代的工作基础上,按照比较严格的语言学规则进行开发。20 世纪 80 年代后期到 90 年代中期,中科院计算所在"863"项目支持下研制了"智能型机器翻译系统"。

该系统授权给香港"权智"公司并合作开发了"快译通863"系列产品,在市场上取得了巨大的成功,带来了十分可观的效益。该系统获得了国家科技进步一等奖。

6. 中国机器翻译的历史(6)

桑夏公司在"863"计划支持下研究开发出"光翻译系统"(Light)。以该系统为引擎建立的"看世界(ReadWorld)"网站是最早的可以提供网上全文翻译的网站。国家"863"计划专家组在20世纪90年代年举行多次全国性的中文信息处理技术评测,其中包括1994年、1995年、1998年三次机器翻译评测,大大推动了我国机器翻译研究的进展。

7. 中国机器翻译的历史(7)

国家"863"计划专家组于2003—2005年委托中科院计算所恢复并连续举办了三个年度的中文信息处理技术评测,包括机器翻译评测。评测中开始采用国际上通用的一些自动评测指标。2004年以后,中科院计算所、中科院自动化所、厦门大学等单位开始从事统计机器翻译研究工作,并于2005年在厦门大学联合举办了第一次"全国统计机器翻译研讨会",以后该研讨会每年举办一次,并改名为"全国机器翻译研讨会"。

8. 中国机器翻译的历史(8)

2006年第二届统计机器翻译研讨会上,中科院计算所、中科院自动化所、中科院软件所、厦门大学、哈尔滨工业大学五个单位联合推出了开放源代码的统计机器翻译系统"丝路"。2007年第三届统计机器翻译研讨会开始,每次研讨会前都举办公开的机器翻译评测,并在会上就评测中的技术进行交流。

9. 中国机器翻译的历史(9)

中国的研究机构在国际机器翻译评测中表现不俗。中科院计算所在竞争最激烈的NIST机器翻译评测中获得过第3名(2009年汉英项目总成绩),中科院自动化所在国际口语机器翻译评测IWSLT多次获得第一名。中科院计算所提出的基于句法的树到串系列统计机器翻译模型,连续多年在国际自然语言处理最重要的学术会议ACL上发表了一系列论文,引起广泛的关注和引用。

1.4　中国机器翻译现状

目前,中国社会科学院语言研究所、中国科学技术情报研究所、中国科学院计算技术研究所等科研单位以及北京大学、哈尔滨工业大学等高校,还有众多的语言服务公司都在进行机器翻译的研究。上机进行过实验的机器翻译系统已有十多个,翻译的语种和类型有英汉、俄汉、法汉、日汉、德汉等"一对一"的系统,也有汉译英、法、日、俄、德的"一对多"的系统(FAJRA系统)。此外,还建立了一些汉语语料库和科技英语语料库。中国机器翻译系统的规模正在不断地扩大,内容正在不断地完善。

第2章　机器翻译原理及方法概述

2.1　机器翻译原理

2.1.1　机器翻译发展的背景

机器翻译,本质上是对人类思维和语言活动的模拟。解决这一难题的途径是对人类的语言做出科学的分析,获取人类思维活动的材料,然后才能正确地构造可以解释人类行为的计算机程序。在这一点上,语言学家给了人工智能研究很大的支持。自1957年美国语言学家乔姆斯基发表著名的《句法结构》开始直到20世纪70年代,语言学中的"乔姆斯基革命"不断发展,不仅极大地推动了现代语言学科的成熟,而且使得"自然语言理解"的研究不同程度地涉及句法、语义和语用三大语言学领域,机器翻译从此开始走向复兴。

让计算机学习人类的语言,入门的练习似乎可以像小学生那样从"填空"学起。准备几种类型的单词,在事先造好的句式中故意留下几个空格,要求计算机有选择地填入。例如,对于下列句式:开往_____的_____列车在_____时从_____站台发车。计算机只要在4个空格处分别填入表示地点、车别、时间和站台的词汇即可。实际上,一些火车站就利用语音合成装置以这种方式进行广播。填满空格后的句子可能成为:开往纽约的特快列车在13时从3站台发车。然而,在计算机没有理解上述句子意义之前,人们必须为它准备与每个空格对应的适当词汇,否则,任它自由填入一些单词,句子可能变成:开往地狱的疯狂列车在午夜时从魔鬼站台发车。不管哪个火车站的广播里报出这种通知,恐怕都会把旅客们吓得半死。

人类语言中的词汇是不能随心所欲加以组合的。词汇不仅有名词、动词、代词、形容词、副词等词性区别,它们的组合还必须遵循一定的规则。例如,汉语中的代词"我"、名词"饭"和动词"吃",按上述顺序排列成"我饭吃",谁看了也不会认为是汉语中的句子。这三个词必须按照汉语的句法,分别充当句中的某一成分,"我"充当主语,"饭"充当宾语,"吃"只能作谓语,组成"我吃饭"即"主—谓—宾"句式。这就是句法分析,当然,更多的句子要比"我吃饭"复杂得多。但是,即使我们完全遵守句法规则造句,也不一定就能够得到有意义的句子。例如在上句里交换"我"和"饭"的位置,造出一个"饭吃我"的句子,句法上挑不出一点毛病,但不好理解,或者说这是一个句法正确但没有意义的句子,它表明了句法和语义是语言学中不同的知识领域。

为了便于机器翻译,首先需要把自然语言的句子经过句法分析,分解为不同的成分。然而,一些句子可以有不同的分解方法,不同的分解会产生不同的语义。请看下一句子的两种分解法:咬死了猎人——的狗。咬死了——猎人的狗。前一分解法应解释为:狗把猎人咬死了;后一分解法则应解释为:把猎人的狗给咬死了。这就叫"句法歧义"。会产生歧义的句子在语言中比比皆是,再比如:"一个半劳力"。如果让机器作句法分析,是分解为"一个半""劳力",还是分解为"一个""半劳力"呢?这些例子说明在句法分析时,还需要补充许多有关语义和相关知识的信息,有的句子还必须结合上下文的关系才能获得正确的分析结果。例如,知道了上文是"狼来了",理解下文"咬死了猎人的狗"时,就不会再有歧义;或者上文是"我爷爷年纪大了",下文是"他只能算一个半劳力",联系上下文一起分析,"一个半劳力"便只剩下一种含义。

理解人类语言时,还有一些因素必须考虑。有时必须知道人物、时间、场合等,才有可能解释某个句子。例如,让机器理解这样一句话:"红塔山一包"。要是不知道这句话的背景是顾客在商店里向售货员购买香烟,想理解它的意思是不可能的。研究语言的这些因素属于语用学的任务。以上我们只以汉语为例进行了说明,其他的自然语言与之也基本相似。由此可见,计算机对人类语言的理解,必须把句法、语义、语用和其他相关知识结合在一起全面分析,否则很难做出准确的翻译。

从计算机机械地模仿到理解人类的语言,机器翻译逐步向人工智能的方向靠拢,已在黑暗的摸索中看到了黎明的晨曦。大约在20世纪70年代以前,国外的机译业已从"词对词"的替换方式,发展为以句法结构分析为主的转换和生成。这种"句对句"方式产生的译文质量有了一定的提高,但由于机器处理其他知识的能力不足,前进的步伐依然不大。1971年美国有人做过比较:人工进行翻译的速度是每小时处理450个词,而计算机对同一文章做出翻译后,还必须请人编辑和改错,这种后一步骤人工处理的速度也只能达到每小时400词。

当人类社会在20世纪70年代中期大踏步地迈进了信息时代之际,"信息爆炸"使人类的相互交流急剧增长,社会需求带来巨大的推动力。人们对翻译匮缺的呼声日益强烈,据当时的一些资料报道,欧洲共同体(今天欧盟的前身)使用8国文字公布文件,雇佣100多位翻译专家只完成了工作量的1/10,有人估计急需补充译员2万名;联邦德国每出版8本书就有一本是译著;加拿大议会因使用两种语言,每年都要斥巨资进行文件翻译……。人们又一次迫切地向计算机求助,机器翻译在走了一个马鞍形的曲折之路后,又成了人类梦寐以求的瑰宝。于是,机器翻译技术被列为21世纪世界十大科技难题的第一位。世界上各发达国家聚集各路高手,不惜以亿万重金投资,都试图率先突破机译的难关,抢占翻译机器的巨大市场。欧洲共同体7国联手,注入资金3850万欧洲货币单位;日本对此项研究开发的投资高达8亿美元;美国仅对其中的一项子课题的理论研究,就投进了1600万美元的血本……。至此,世界上已出现了十几个较成功的机译系统,美国、法国、加拿大等国担任了"初级翻译"的角色。80年代的计算机技术,与当年美国科学家搞"词对词"翻译时用的老式机器简直不能同日而语。机器翻译的理论和技术也开始向语义分析与语言理解为主的方向进展,即实现以句段为加工单位即"段对段"的第三代智能方式的机译。

2.1.2 机器翻译原理

机器翻译的研究是建立在语言学、数学和计算机科学这3门学科的基础之上的。语言学家提供适合于计算机进行加工的词典和语法规则,数学家把语言学家提供的材料形式化和代码化,计算机科学家给机器翻译提供软件支持和硬件设备,并进行程序设计。缺少上述任何一方面,机器翻译就不能实现,机器翻译效果的好坏,也完全取决于这3个方面的共同努力。

整个机器翻译的过程可以分为原文分析、原文译文转换和译文生成3个阶段。在具体的机器翻译系统中,根据不同方案的目的和要求,可以将原文译文转换阶段与原文分析阶段结合在一起,而把译文生成阶段独立起来,建立相关分析 - 独立生成系统。在这样的系统中,原语分析时要考虑译语的特点,而在译语生成时则不需要考虑原语的特点。在进行多种语言对一种语言的翻译时,宜采用这样的相关分析独立生成系统。也可以把原文分析阶段独立起来,把原文译文转换阶段同译文生成阶段结合起来,建立独立分析 - 相关生成系统。在这样的系统中,原语分析时不考虑译语的特点,而在译语生成时要考虑原语的特点,在进行一种语言对多种语言的翻译时,宜采用这样的独立分析 - 相关生成系统。还可以把原文分析、原文译文转换与译文生成分别独立开来,建立独立分析 - 独立生成系统。在这样的系统中,分析原语时不考虑译语的特点,生成译语时也不考虑原语的特点,原语译语的差异通过原文译文转换来解决。在进行多种语言对多种语言的翻译时,宜采用这样的独立分析 - 独立生成系统。

迄今研制成功和正在研制的机器翻译系统按其加工的深度可以分为 3 种类型:第 1 类是以词汇为主的机器翻译系统;第 2 类是以句法为主的机器翻译系统;第 3 类是以语义为主的机器翻译系统。

从美国乔治敦大学的机器翻译试验到 20 世纪 50 年代末的系统,基本上属于第 1 类机器翻译系统。它们的特点是:

①以词汇转换为中心建立双语词典,翻译时,文句加工的目的在于立即确定相应于原语各个词的译语等价词;

②如果原语的一个词对应于译语的若干个词,机器翻译系统本身并不能决定选择哪一个,而只能把各种可能的选择全都输出;

③语言和程序不分,语法的规则与程序的算法混在一起,算法就是规则。

由于第 1 类机器翻译系统的上述特点,它的译文质量是极为低劣的。并且,设计这样的系统是一种十分琐碎而繁杂的工作,系统设计成之后没有扩展的余地,修改时牵一发而动全身,给系统的改进造成极大困难。

20 世纪 60 年代以来建立的机器翻译系统绝大部分是第 2 类机器翻译系统。它们的特点是:

①把句法的研究放在第一位,首先用代码化的结构标志来表示原语文句的结构,再把原语的结构标志转换为译语的结构标志,最后形成译语的输出文句;

②对于多义词必须进行专门的处理,根据上下文关系选择出恰当的词义,不容许把若干个译文词一揽子列出来;

③语法与算法分开,在一定的条件之下,使语法处于一定类别的界限之内,使语法能由给定的算法来计算,并可由这种给定的算法描写为相应的公式,从而不改变算法也能进行语法的变换,这样一来,语法的编写和修改就可以不考虑算法。第 2 类机器翻译系统不论在译文的质量上还是在使用的便捷程度上,都比第 1 类机器翻译系统大大地前进了一步。

20 世纪 70 年代以来,有些机器翻译者提出了以语义为主的第 3 类机器翻译系统。引入语义平面之后,就要求在语言描写方面做一些实质性的改变。因为在以句法为主的机器翻译系统中,最小的翻译单位是词,最大的翻译单位是单个的句子,机器翻译的算法只考虑对一个句子的自动加工,而不考虑分属不同句子的词与词之间的联系。第 3 类机器翻译系统必须超出句子范围来考虑问题,除了义素、词、词组、句子之外,还要研究大于句子的句段和篇章。为了建立第 3 类机器翻译系统,语言学家要深入研究语义学,数学家要制定语义表示和语义加工的算法,在程序设计方面,也要考虑语义加工的特点。

目前世界上绝大多数的机器翻译系统都属于第2类机器翻译系统。该类系统研究的重点主要放在句法方面,有些系统以句法为主,适当增加了一些语义参数,以解决句法上的歧义问题。由于语义研究还不成熟,建立第3类机器翻译系统还有相当大的困难。

2.2 机器翻译应用系统类型

机译系统可划分为基于规则的和基于语料库的两大类。前者由词典和规则库构成知识源;后者由经过划分并具有标注的语料库构成知识源,既不需要词典也不需要规则,以统计规律为主。机译系统是随着语料库语言学的兴起而发展起来的,世界上绝大多数机译系统都采用以规则为基础的策略,一般分为语法型、语义型、知识型和智能型。不同类型的机译系统由不同的成分构成。抽象地说,所有机译系统的处理过程都包括以下步骤:对源语言的分析或理解,在语言的某一平面进行转换,按目标语言结构规则生成目标语言。技术差别主要体现在转换平面上。

2.2.1 基于规则的机器翻译应用系统

1. 语法型系统

语法型机译系统研究重点是词法和句法,以上下文无关文法为代表,早期系统大多数都属这一类型。语法型系统包括源文分析机构、源语言到目标语言的转换机构和目标语言生成机构三部分。源文分析机构对输入的源文加以分析,这一分析过程通常又可分为词法分析、语法分析和语义分析。通过上述分析可以得到源文的某种形式的内部表示。转换机构用于实现将相对独立于源文表层表达方式的内部表示转换为与目标语言相对应的内部表示。目标语言生成机构实现从目标语言内部表示到目标语言表层结构的转化。

2. 语义型系统

语义型系统研究重点是在机译过程中引入语义特征信息,以 Burtop 提出的语义文法和 Charles Fillmore 提出的格框架文法为代表。语义分析的各种理论和方法主要解决形式和逻辑的统一问题。利用系统中的语义切分规则,把输入的源文切分成若干个相关的语义元成分。再根据语义转化规则,如关键词匹配,找出各语义元成分所对应的语义内部表示。系统通过测试各语义元成分之间的关系,建立它们之间的逻辑关系,形成全文的语义表示。处理过程主要通过查语义词典的方法实现。语义表示形式一般为格框架,也可以是概念依存表示形式。最后,机译系统通过对中间语义表示形式的解释,形成相应的译文。

3. 知识型系统

知识型系统目标是给机器配上人类常识,以实现基于理解的翻译系统,以 Tomita 提出的知识型机译系统为代表。知识型机译系统利用庞大的语义知识库,把源文转化为中间语义表示,并利用专业知识和日常知识对其加以精练,最后把它转化为一种或多种译文输出。

4. 智能型系统

智能型系统目标是采用人工智能的最新成果,实现多路径动态选择以及知识库的自动重组技术,对不同句子实施在不同平面上的转换。这样就可以把语法、语义、常识几个平面连成一个有机整体,既可继承传统系统优点,又能实现系统自增长的功能。这一类型的系统以中国科学院计算所开发的 IMT/EC 系统为代表。

2.2.2　机器翻译应用系统类型

理想的机器翻译是要实现全自动高质量机器翻译(MT Full Automatic High Quality Machine Translation,FAHQ)。

按人机关系划分,机器翻译可分为全自动机器翻译(Full Automatic Machine Translation, FAMT)、人助机译(Human Assisted Machine Translation,HAMT)、机助人译(Compute Aided Translation,CAT)。

按应用方式划分,机器翻译可分为信息分发型(MT for dissemination)与信息吸收型(MT for assimilation)。信息分发型要求高质量,不要求实时;采用人机互助,或者通过受限领域、受限语言等方式提高翻译质量。信息吸收型不要求高质量,要求方便、实时,常用于翻译浏览器、便携式翻译设备等。

按应用方式划分,机器翻译可分为信息交流型(MT for interchange)和信息存取型(MT for information access)。信息交流型不要求高质量,通常要求实时,语言随意性较大,常用于语音翻译、网络聊天翻译、电子邮件翻译。信息存取型将机器翻译嵌入到其他应用系统中,常用于跨语言检索、跨语言信息抽取、跨语言文摘、跨语言非文本数据库的检索。

2.3　机器翻译的方法

根据不同的标准,机器翻译方法表述不尽相同。按转换层面划分,机器翻译方法可分为直接翻译方法、句法转换方法、语义转换方法、中间语言方法;按知识表示形式划分,机器翻译方法可分为基于规则的方法,基于实例的方法(含模板方法、翻译记忆方法)和基于统计的方法。

2.3.1　按转换层面划分的机器翻译方法

1.直接翻译方法(direct translation system)

通过词语翻译、插入、删除和局部的词序调整来实现翻译,不进行深层次的句法和语义的分析,但可以采用一些统计方法对词语和词类序列进行分析。直接翻译方法是早期机器翻译系统常用的方法,后来 IBM 提出的统计机器翻译模型也可以认为是采用了这一范式。著名的机器翻译系统 Systran 早期也是采用这种方法,后来逐步引入了一些句法和语义分析。

2.转换方法(transfer system)

转换法采用两种内部表达,整个翻译过程分为"分析""转换""生成"三个阶段。第一阶段把源语言转换成源语言的内部表达;第二阶段把源语言的内部表达转换成目标语的内部表达;第三阶段再把目标语的内部表达生成目标语。转换规则如下:

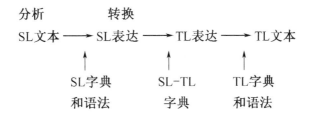

理想的转换方法应该做到独立分析和独立生成,这样在进行多语言机器翻译的时候可以大大减少分析和生成的工作量。转换方法根据深层结构所处的层面可分为句法层转换和语义层转换。

句法层转换:深层结构主要是句法信息;

语义层转换:深层结构主要是语义信息;

分析深度的权衡:分析的层次越深,歧义排除就越充分;分析的层次越深,错误率也越高。

3. 中间语言方法(interlingua system)

中间语言法是把源语言转换成对任何语言都适用的中间语言,再用目标语的词汇和语法结构表达中间语言的意义。利用一种中间语言(interlingua)作为翻译的中介表示形式;整个翻译过程分为"分析"和"生成"两个阶段。

分析:源语言→中间语言

生成:中间语言→目标语言

分析过程只与源语言有关,与目标语言无关。生成过程只与目标语言有关,与源语言无关。

中间语言方法的优点在于进行多语种翻译的时候,只需要对每种语言分别开发一个分析模块和一个生成模块,模块总数为 $2n$,相比之下,如果采用转换方法就需要对每两种语言之间都开发一个转换模块,模块总数为 $n(n-1)$。

中间语言方法一般都用于多语言的机器翻译系统中;从实践看,采用某种人工定义的知识表示形式作为中间语言进行多语言机器翻译都不太成功,如日本主持的亚洲五国语言机器翻译系统,总体上是失败的;在 CSTAR 多国语口语机器翻译系统中,曾经采用了一种中间语言方法,其中间语言是一种语义表示形式。由于语音翻译都限制在非常狭窄的领域中(如机票预定),语义描述可以做到比较精确,因此采用中间语言方法有一定的合理性。在统计机器翻译中,很多研究人员开始采用某种自然语言作为中间语言(这时又称"枢纽语言",或 Pivot Language),枢纽语言目前以英语为主,主要原因是英语到其他语言的双语语料库比较容易获得,而其他语言直接的双语语料库很难获得。

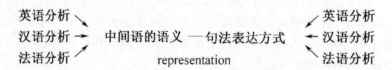

(中间语言法结构图 张政,2006:21)

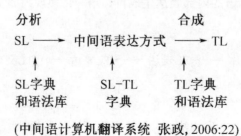

(中间语计算机翻译系统 张政,2006:22)

中间语言示例——语义网络

英语:He bought a book on physics.

汉语:他买了一本关于物理学的书。

2.3.2　按知识表示形式划分的机器翻译方法

按知识表示形式划分的机器翻译方法又可以细化为:基于规则的机器翻译方法、基于实例的机器翻译方法、基于翻译记忆的机器翻译方法和基于统计的机器翻译方法。

1. 基于规则的方法

(1)采用规则作为知识表示形式,其规则包括:

①重叠词规则;

②切分规则;

③标注规则;

④句法分析规则;

⑤语义分析规则;

⑥结构转换规则(产生译文句法语义结构);

⑦词语转换规则(译词选择);

⑧结构生成规则(译文结构调整);

⑨词语生成规则(译文词形生成)。

(2)基于规则的方法的优缺点如下:

优点:

①直观,能够直接表达语言学家的知识;

②规则的颗粒度具有很大的可伸缩性;

③大颗粒度的规则具有很强的概括能力;

④小颗粒度的规则具有精细的描述能力;

⑤便于处理复杂的结构和进行深层次的理解,如解决长距离依赖问题;

⑥系统适应性强,不依赖于具体的训练语料。

缺点:

①规则主观因素重,有时与客观事实有一定差距;

②规则的覆盖性差,特别是细颗粒度的规则很难总结得比较全面;

③规则之间的冲突没有好的解决办法(跷跷板现象);

④规则一般只局限于某一个具体的系统,规则库开发成本太高;

⑤规则库的调试极其枯燥乏味。

2. 基于实例的机器翻译方法

与统计方法相同,基于实例的机器翻译方法也是一种基于语料库的方法,其基本思想由日本著名的机器翻译专家长尾真(Makoto Nagao)提出。长尾真在 1984 年发表了《采用类比原则进行日 - 英机器翻译的一个框架》一文,探讨日本人初学英语时翻译句子的基本过程,他发现初学外语的人总是先记住最基本的英语句子和对应的日语句子,而后做替换练习。参照这个学习过程,他提出了基于实例的机器翻译思想,即不经过深层分析,仅仅通过已有的经验知识,通过类比原理进行翻译。其翻译过程是首先将源语言正确分解为句子,再分解为短语碎片,接着通过类比的方法把这些短语碎片译成目标语言短语,最后把这些短语合并成长句。长尾真指出,人类并不通过做深层的语言学分析来进行翻译,人类的翻译过程是:首先把输入的句子正确地分解为一些短语碎片,接着把这些短语碎片翻译成其他语言的短语碎片,最后再把这些短语碎片构成完整的句子,每个短语碎片的翻译是通过类比的原则来实现的。因此,我们应该在计算机中存储一些实例,并建立由给定的句子找寻类似例句的机制,这是一种由实例引导推理的机器翻译方法,也就是基于实例的机器翻译。对于实例方法的系统而言,其主要知识源就是双语对照的实例库,不需要什么字典、语法规则库之类的东西,核心的问题就是通过最大限度的统计,得出双语对照实例库。

基于实例的机器翻译对于相同或相似文本的翻译有非常显著的效果,随着实例库规模的增加,其作用也越来越显著。对于实例库中已有的文本,可以直接获得高质量的翻译结果。对与实例库中存在的实例十分相似的文本,可以通过类比推理,并对翻译结果进行少量的修改,构造出近似的翻译结果。

该系统的翻译过程分为分解(decomposition)、转换(transfer)、合成(composition)三步。在分解阶段,系统根据提交的源语言词汇依存树检索实例库,并利用检索到的实例碎片来表示该源语言句子的依存树,形成源匹配表达式;在转换阶段,系统利用实例库中的对齐信息将源匹配表达式转换成目标匹配表达式;在合成阶段,将目标匹配表达式展开成为目标语言词汇依存树,输出译文。

在基于实例的机器翻译系统中,系统的主要知识源是双语对照的翻译实例库,实例库主要有两个字段,一个字段保存源语言句子,另一个字段保存与之对应的译文,每输入一个源语言的句子时,系统把这个句子同实例库中的源语言句子字段进行比较,找出与这个句子最为相似的句子,并模拟与这个句子相对应的译文,最后输出译文。

基于实例的机器翻译系统中,翻译知识以实例和义类词典的形式来表示,易于增加或删除,系统的维护简单易行。如果利用了较大的翻译实例库并进行精确的对比,有可能产生高质量译文,而且避免了基于规则的那些传统的机器翻译方法必须进行深层语言学分析的难点。在翻译策略上是很有吸引力的。

(1)基于实例的机器翻译的优缺点

优点:

①直接使用对齐的语料库作为知识表示形式,知识库的扩充非常简单。

②不需要进行深层次的语言分析,也可以产生高质量的译文。

缺点:

①覆盖率低,实用的系统需要的语料库规模极大(百万句对以上)。

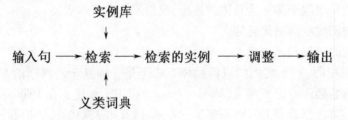

(基于实例的机器翻译系统结构)

基于实例的机器翻译

待翻译句子：

（E1）He bought a book on physics.

在语料库中查到相似英语句子及其汉语译文是：

（E2）He wrote a book on history.

（C2）他写了一本关于历史的书。

比较（E1）和（E2）两个句子，我们得到变换式：

（T1）replace（wrote，bought）and replace（history，physics）

将这个变换式中的单词都换成汉语就变成：

（T2）replace（写，买）and replace（历史，物理）

将（T2）作用于（C2）

（C1）他买了一本关于物理学的书。

（2）基于实例的机器翻译需要研究的问题

基于实例的机器翻译需要研究的问题包括：双语自动对齐、实例片段的定义、实例匹配检索、译文片段的选择以及实例片段的组合。

①双语自动对齐（alignment）

在实例库中要能准确地由源语言实例和实例片段找到相应的目标语言实例和实例片段，在基于实例的机器翻译系统的具体实现中，不仅要求句子一级的对齐，而且还要求短语或句子结构一级甚至词汇一级的对齐。

②实例片段的定义

实例片段可以定义在句子级别、子句级别、短语级别，或者定义为某种句法结构的片段。很多研究者认为，基于实例的机器翻译的潜力在于充分利用短语一级的实例碎片，也就是在短语一级进行对齐，但是，利用的实例碎片越小，碎片的边界越难于确定，歧义情况越多，从而又会导致翻译质量的下降。因此，需要在二者之间取得平衡。

③实例匹配检索

由于实例库规模巨大，为了在实例库中迅速找到与要翻译的句子匹配的实例或者实例片段，需要建立高效的检索机制。另外，实例和实例片段的匹配通常都不是精确匹配，而是模糊匹配，为此，要建立一套相似度准则（similarity metric），以便确定两个句子或者短语碎片是否相似。

④译文片段的选择

对于一个源文片段，可能有多个译文片段与其对应，为此需要选择恰当的译文片段。这实际上也是一个排歧问题。

⑤实例片段的组合

得到实例片段的译文后，需要将实例片段重新组合成目标语言句子。这里通常涉及词序调整问题。

（3）小结

这种方法在初推之时，得到了很多人的推崇。但一段时期后，问题出现了。由于该方法需要一个很大的语料库作为支撑，语言的实际需求量非常庞大。但受限于语料库规模，基于实例的机器翻译很难达到较高的匹配率，往往只有限定在比较窄的或者专业的领域时，翻译效果才能达到使用要求。因而，到目前为止，还很少有机器翻译系统采用纯粹的基于实例的方法，一般都是把基于实例的机器翻译方法作为多翻译引擎中的一个，以提高翻译的正确率。

（4）应用实例

PANGLOSS 系统：由美国卡内基梅隆大学研制，这是一个多引擎机器翻译系统（Multi-engine Machine Translation）。这个系统的主要引擎是基于知识的机器翻译系统，基于实例的机器翻译系统只是它的一个引擎，为整个多引擎机器系统提供候选结果。

ETOC 和 EBMT 系统：由日本口语翻译通信研究实验室 ATR 研制。ETOC 系统能够检索出与给定的源语言句子相似的实例，EBMT 系统能够利用实例库来消解歧义。这两个基于实例的机器翻译系统还不完整。

我国清华大学计算机系的基于实例的日汉机器翻译系统。

3. 基于翻译记忆方法

翻译记忆方法（Translation Memory）是基于实例方法的特例，也可以把基于实例的方法理解为广义的翻译记忆方法。

翻译记忆的基本思想是：把已经翻译过的句子保存起来，翻译新句子时直接到语料库中去查找，如果发现相同的句子，直接输出译文。否则交给人去翻译，但可以提供相似的句子的参考译文。翻译记忆方法主要被应用于计算机辅助翻译（CAT）软件中。

（1）翻译记忆方法的优缺点

优点：

①翻译质量有保证；

②随着使用时间的增加匹配成功率逐步提高；

③特别适用于重复率高的文本翻译，例如公司的产品说明书的新版本翻译；

④与语言无关，适用于各种语言对。

缺点：

是匹配成功率不高，特别是刚开始使用该系统时。

（2）翻译记忆方法运用实例

目前计算机辅助翻译（CAT）软件已经形成了比较成熟的产业。

①TRADOS：号称占有国际 CAT 市场的 70%，Microsoft，Siemens，SAP 等国际大公司和一些著名的国际组织都是其用户。

②雅信 CAT：适合中国人的习惯，产品已比较成熟。

③国际组织 LISA（Localization Industry Standards Association）。

面向用户：专业翻译人员。

数据交换：LISA 制定了 TMX（Translation Memory eXchange）标准。

（3）翻译记忆方法的功能

完整的计算机辅助翻译软件除了包括翻译记忆功能以外,还应该包括以下功能:

①多种文件格式的分解与合成。

②术语库管理功能。

③语料库的句子对齐(历史资料的重复利用)。

④项目管理:翻译任务的分解与合并;翻译工作量的估计。

⑤数据共享和数据交换。

4.基于统计的计算机翻译

基于统计的机器翻译方法把机器翻译看作是一个信息传输的过程,用一种信道模型对机器翻译进行解释。这种思想认为,源语言句子到目标语言句子的翻译是一个概率问题。任何一个目标语言句子都有可能是任何一个源语言句子的译文,只是概率不同,机器翻译的任务就是找到概率最大的句子。具体方法是将翻译看作对原文通过模型转换为译文的解码过程。因此,统计机器翻译又可以分为以下几个问题:模型问题、训练问题、解码问题。所谓模型问题,就是为机器翻译建立概率模型,也就是要定义源语言句子到目标语言句子的翻译概率的计算方法。而训练问题,是要利用语料库来得到这个模型的所有参数。解码问题,则是在已知模型和参数的基础上,对于任何一个输入的源语言句子,去查找概率最大的译文。

基于统计的计算机翻译也就是基于语料库的机器翻译方法,不需要人工撰写规则,而是从语料库中获取翻译知识,这一点与基于实例的方法相同。此方法需要为翻译建立统计模型,把翻译理解为搜索问题,即从所有可能的译文中选择概率最大的译文。与基于实例的方法的区别在于,在基于实例的机器翻译中,语言知识表现为实例本身,而统计机器翻译中,翻译知识表现为模型参数。

统计机器翻译的成功在于采用了一种新的研究范式(paradigm)。这种研究范式已在语音识别等领域中被证明是一种成功的翻译,但在机器翻译中是首次使用。这种范式的特点是:公开的大规模的训练数据,周期性的公开评测和研讨,开放源码的工具。

统计机器翻译的优缺点如下:

优点:

①无须人工编写规则,利用语料库直接训练得到机器翻译系统(但可以使用语言资源);

②系统开发周期短;

③鲁棒性好;

④只要有语料库,很容易适应新的领域或者语种。

缺点:

①时空开销大;

②数据稀疏问题严重;

③对语料库依赖性强;

④引入复杂的语言知识比较困难。

实际上,用统计学方法解决机器翻译问题的想法并非是 20 世纪 90 年代的全新思想,

1949 年韦弗(W. Weaver)在《机器翻译备忘录》中就已经提出使用这种方法,只是由于乔姆斯基(N. Chomsky)等人的批判,这种方法很快就被放弃了。批判的理由主要基于一点:语言是无限的,基于经验主义的统计描述无法满足语言的实际要求。

另外,限于当时的计算机速度,统计的价值也无从谈起。当今计算机不论从速度还是从内存方面都有了大幅度的提高,昔日大型计算机才能完成的工作,今日小型工作站或个人计算机就可以完成了。此外,统计方法在语音识别、文字识别、词典编纂等领域的成功应用也表明这一方法在语言自动处理领域还是很有成效的。

统计机器翻译方法的数学模型是由国际商业机器公司(IBM)的研究人员提出的。在《机器翻译的数学理论》一文中提出了 5 种由词到词的统计模型,又称为 IBM 模型 1 到 IBM 模型 5(IBM Model 1 to IBM Model 5)。这 5 种模型均源自信源－信道模型,采用最大似然法估计参数。由于当时(1993 年)计算条件的限制,无法实现基于大规模数据的训练。其后,由斯蒂芬·沃格(Stephan Vogel)提出了基于隐马尔科夫模型的统计模型也受到重视,该模型被用来替代 IBM Model 2。在这时的研究中,统计模型只考虑了词与词之间的线性关系,没有考虑句子的结构。这在两种语言的语序相差较大时效果可能不会太好。如果在考虑语言模型和翻译模型时将句法结构或语义结构考虑进来,应该会得到更好的结果。

在此文发表后 6 年,一批研究人员在约翰·霍普金斯大学的机器翻译夏令营上实现了 GIZA 软件包。弗朗茨·约瑟夫·欧赫(Franz Joseph Och)随后对该软件进行了优化,加快训练速度。特别是针对 IBM Model 1 到 Model 5 的训练,同时他提出了更加复杂的 Model 6。欧赫发布的软件包被命名为 GIZA++,直到现在 GIZA++ 还是绝大部分统计机器翻译系统的基石。针对大规模语料的训练,目前已有 GIZA++ 的若干并行化版本存在。

基于词的统计机器翻译的性能却由于建模单元过小而受到限制。因此,许多研究者开始转向基于短语的翻译方法。欧赫提出的基于最大熵模型的区分性训练方法使统计机器翻译的性能极大提高,在此后数年,该方法的性能仍然远远领先于其他方法。一年后欧赫又修改了最大熵方法的优化准则,直接针对客观评价标准进行优化,从而诞生了今天广泛采用的最小错误训练方法(Minimum Error Rate Training)。

另一个促进统计机器翻译进一步发展的重要发明是自动客观评价方法的出现,为翻译结果提供了自动评价的途径,从而避免了烦琐与昂贵的人工评价。最为重要的评价是 BLEU 评价指标。目前,绝大部分研究者仍然使用 BLEU 作为评价其研究结果的首要标准。

Moses 是维护较好的开源机器翻译软件,由爱丁堡大学研究人员组织开发。其发布使得以往烦琐复杂的处理简单化。

Google 的在线翻译已为人熟知,其背后的技术即为基于统计的机器翻译方法,基本运行原理是通过搜索大量的双语网页内容,将其作为语料库,然后由计算机自动选取最为常见的词与词的对应关系,最后给出翻译结果。不可否认,Google 采用的技术是先进的,但它还是经常闹出各种"翻译笑话"。其原因在于:基于统计的方法需要大规模双语语料,翻译模型、语言模型参数的准确性直接依赖于语料的多少,而翻译质量的高低主要取决于概率模型的好坏和语料库的覆盖能力。基于统计的方法虽然不需要依赖大量知识,直接靠统计结果进行歧义消解处理和译文选择,避开了语言理解的诸多难题,但语料的选择和处理工程量巨大。因此,通用领域的机器翻译系统很少以统计方法为主。

2.4　机器翻译新方法——基于人工神经网络的机器翻译（Neural Machine Translation）

2013 年以来,随着深度学习的研究取得较大进展,基于人工神经网络的机器翻译逐渐兴起。其技术核心是一个拥有海量节点(神经元)的深度神经网络,可以自动地从语料库中学习翻译知识。一种语言的句子被向量化之后,在网络中层层传递,转化为计算机可以"理解"的表示形式,再经过多层复杂的传导运算,生成另一种语言的译文。实现了"理解语言,生成译文"的翻译方式。这种翻译方法最大的优势在于译文流畅,更加符合语法规范,容易理解。相比之前的翻译技术,翻译质量有"跃进式"的提升。

目前,广泛应用于机器翻译的是长短时记忆(Long Short - Term Memory,LSTM)循环神经网络(Recurrent Neural Network,RNN)。该模型擅长对自然语言建模,把任意长度的句子转化为特定维度的浮点数向量,同时"记住"句子中比较重要的单词,让"记忆"保存比较长的时间。该模型很好地解决了自然语言句子向量化的难题,对利用计算机来处理自然语言来说具有非常重要的意义,使得计算机对语言的处理不再停留在简单的字面匹配层面,而是进一步深入到语义理解的层面。

基于人工神经网络的机器翻译代表性的研究机构和公司包括:加拿大蒙特利尔大学的机器学习实验室,该实验室发布了开源的基于神经网络的机器翻译系统 GroundHog;2015年,百度发布了融合统计和深度学习方法的在线翻译系统;Google 也在此方面开展了深入研究。

2.5　国内机器翻译软件

鉴于机器翻译仍具相当市场,中国涉足这一领域的厂商也不一而足。国内市场上的翻译软件产品可以划分为四大类:全文翻译(专业翻译)、在线翻译、汉化软件和电子词典。

全文翻译:全文翻译软件以中软"译星"以及"雅信 CAT"为代表。

在线翻译:随着全球化网络时代的到来,语言障碍已经成为 21 世纪社会发展的重要瓶颈,实现任意时间、任意地点、任意语言的无障碍自由沟通是人类追求的一个梦想。这仅是全球化背景下的一个小缩影。在社会快速发展的进程中,机器翻译扮演越来越重要的角色。

词典类软件如金山词霸、有道词典等,基于大数据的互联网机器翻译系统:百度翻译、谷歌翻译等。

汉化类翻译:汉化类翻译软件主要以"东方快车 3000"为代表。

由于机器翻译在今后需要满足人们在浩瀚的互联网上方便地进行信息搜集的需求,于是很多翻译开发者在翻译准确度上下功夫的同时,开始注重结合用户的使用领域并进行有针对性的开发。由于互联网的迅猛发展以及中国和世界各地网民的增长速度,从市场发展看来,在新一轮的竞赛中,在线翻译前景十分好。

第3章 主流计算机辅助翻译软件 及在线智能语言工具介绍

3.1 主流计算机辅助翻译软件

3.1.1 SDL Trados[①]

TRADOS,这一名称取自三个英语单词。它们分别是: Translation, Documentation 和 Software。其中,在"Translation"中取了"TRA"三个字母,在"documentation"中取了"DO"两个字母,在"Software"中取了"S"一个字母。把这些字母组合起来就是"TRADOS"。透过这三个英语单词的含义可见"TRADOS"的取名还是很有用意的,因为这恰恰体现了 TRADOS 软件所要达到的功能和用途。

TRADOS 是桌面级计算机辅助翻译软件,基于翻译记忆库和术语库技术,为快速创建、编辑和审校高质量翻译提供了一套集成的工具。超过 80% 的翻译供应链采用此软件,它可将翻译项目完成速度提高 40%。

1. 历史

Trados GmbH 公司原本是一家德国公司,由约亨·胡梅尔(Jochen Hummel)和希科·克尼普豪森(Iko Knyphausen)在 1984 年成立于德国斯图加特。公司在 20 世纪 80 年代晚期开始研发翻译软件,并于 90 年代早期发布了自己的第一批 Windows 版本软件:1992 年的 MultiTerm 和 1994 年的 Translator's Workbench。1997 年,得益于微软采用塔多思进行其软件的本土化翻译,公司在 90 年代末期已成为桌面翻译记忆软件行业领头羊。但是,Trados 在 2005 年 6 月被英国的 SDL 公司收购,公司的正式名称也改为 SDL Trados。

2. 产品、技术和服务

(1)产品发展

Trados 1.0 ~ 6.0:现在已经难以找到,基本上消失。

Trados 6.5:2004 年推出。稳定、中文引号无乱码现象、普遍对此版本评价较高,目前还有部分译员在使用此版本。

Trados 7.0:2005 年底推出的版本,此版本现在还很流行,很多译员和翻译公司在使用。以上版本包含的软件有:Workbench, MultiTerm。

Trados 2006:2006 年 2 月 18 日发布,这是 SDL 公司收购 TRADOS 后的第一次把 TRADOS 与 SDLX 作为同一个安装包进行发布。包含的软件有:Workbench, MultiTerm, SDLX。

---

① 参见 http://www.sdl.com/cn.

　　Trados 2007：2007 年 4 月份发布。该版本是最后一个保持和 Office 界面集成的版本,虽然有引号乱码问题,但仍有相当多的译员和翻译公司在使用。

　　SDL Trados Studio 2009：2009 年 6 月发布。从这个版本开始,Trados 不但改了名称,同时也改了软件界面,不再跟 Word 进行集成,但 Align 功能却不能使用,因此使用这个版本的同时,还要保留 2007 进行 TM 的 Align。由于界面的更改,同时兼容性等问题的原因,造成了大量译员不能适应,因此该版本的市场占有并不大。

　　SDL Trados Studio 2011：2011 年 8 月发布。改进了 Align,不再需要 2007 版本,兼容性有大幅度提高,目前使用这一版本的译员和翻译公司已经超过 Trados 7.0 和 Trados 2007。

　　SDL Trados Studio 2014：2013 年 9 月发布。进一步改进了 Align 和文件兼容性。启动速度和资源占有降低。

　　SDL Trados Studio 2017：这是 SDL Trados Studio 产品系列的最新版本,Studio 的生产效率更高,操作更加轻松和灵活,能够承担起艰苦的工作,使译者可以比以往更充分地利用现有资源,专注于重要的工作。通过 SDL Trados Studio 2017 中的下一代翻译效率工具,探索比以往工作更快速、更充分利用资产的全新方式。Studio 2017 引进了两项全新的重要创新,它在翻译记忆库和机器翻译中的突破性技术,使译者能够在日常所有的翻译情境中获得尽可能最佳的翻译匹配。SDL Trados Studio 2017 还包括 SDL MultiTerm 2017。

　　(2)技术和服务

　　企业技术:它允许全球公司使用集中的按需翻译管理服务,通过统一的术语和高效的翻译流程,为全球用户创作内容。

　　桌面技术:全球超过 80% 的专职翻译都采用该技术。

　　真正的全球 Web 内容管理,使公司可以在多站点网站建立和维护多语言内容。

　　最大的专业翻译员内部网络,协助各公司将内容翻译成各种语言。

　　基于知识库的翻译服务,通过将自动化翻译和人工编辑相结合,以比传统翻译服务快 50% 的速度和低 40% 的成本交付多语言内容。

　　使用这些技术的客户类型广泛,服务对象有小公司客户,也有全球的大企业,例如 Best Western、Canon、CNH、Dell、Emirates、HP、Intel、Microsoft、Philips、Salesforce、Sony、Virgin Atlantic 等。

　　3. 优点

　　SDL Trados Studio 的界面清晰,无论文件类型如何,原文和译文都清楚地显示在两侧。此外,译者能以多种不同的方式定制环境:键盘快捷方式、布局、颜色和文本大小等都可自定义,从而最大限度地增加舒适度和工作效率。具体优点如下:

　　(1)加快翻译速度

　　upLIFT 翻译记忆库技术:最充分地利用翻译记忆库。这意味着可以更快地自动生成更多有用结果,提升翻译质量和翻译速度。

　　AdaptiveMT:充分利用机器翻译实时、无缝、持续学习和改进的特点,充分减少译后编辑,节约时间和成本。

　　AutoSuggest™:输入时提供智能建议,得益于用户输入的子句段匹配建议,协助用户提高翻译速度,令工作效率显著提升。

　　PerfectMatch™:利用早前已翻译的双语文件创建 PerfectMatch 内容。这是一种缩短审校时间和确保一致性的便捷方法。

上下文匹配:使准确性更上一层楼。通过定位和语境判断提供"超出 100%"匹配度,以交付最佳译文。无须繁杂的设置或配置。

（2）先进的项目管理

简化的项目管理:借助 SDL Trados Studio,用户不仅可以进行翻译,还可以对语言、文件和截止日期进行集中管理。

自动化项目准备:SDL Trados Studio 可以帮助用户自动准备项目文件,可定制的项目向导会处理多数重复任务。

报告:自动创建字数统计、分析和报告,并与工作内容一起保存,因此用户可以随时了解每项工作的状态。

集中和分享:SDL Trados GroupShare 先进的项目管理可以让用户集中管理包括翻译记忆库和术语共享在内的项目。

（3）全面审校功能

修订标记:通过原生的修订标记,用户不会再错过经审核修改的句段。用户可以放心地审校,轻松接受或拒绝更改,获得全面控制。

导出双语文档以供审校:需要同不使用 Studio 的审校人员一起工作吗? 那么,用户可将双语文档导出为 MS Word 或 Excel,以供审校和导入任何更改。

改良的 QA Checker:Studio 的自动化 QA Checker 会突出显示翻译错误,包括标点符号、术语和不一致等。全新的翻译质量评估允许用户依照自己的标准或行业标准框架进行评估。

（4）一致的翻译

集成或独立术语管理:准确、一致的术语有助于创建高质量翻译。SDL MultiTerm 是业内最先进的术语解决方案,在用户购买 SDL Trados Studio 时一并提供。SDL MultiTerm 可用作独立的应用程序,也可作为 SDL Trados Studio 的一部分。

连接自动化翻译:在 TM 中找不到具体句段的匹配项? 机器翻译将帮助用户。在用户的编辑状态下就能轻松访问。

QuickPlace™可最大限度地提高效率:所有格式、标记、非译元素和变量都可随手插入。QuickPlace 基于源内容提供智能建议,翻译任何文件类型都变得简单轻松。

（5）不仅仅是一款产品

SDL Trados Studio 支持最为认可的行业标准,如 XLIFF（双语文件）、TMX（翻译记忆库交换）和 TBX（术语库交换）。

SDL Trados Studio 是集成式 SDL 语言平台的一部分,为用户提供所需的技术及服务,在客户旅程的每一步交付本地语言内容。

4. 特点

（1）基于翻译记忆的原理,是目前世界上最好的专业翻译软件,已经成为专业翻译领域的标准。

（2）支持 57 种语言之间的双向互译。

（3）大大提高工作效率,降低成本,提高质量。

（4）后台是一个非常强大的神经网络数据库,保证系统及信息安全。

（5）支持所有流行文档格式（DOC,RTF,HTML,SGML,XML,FrameMaker,RC,AutoCAD DXF 等）,用户无须排版。

（6）完善的辅助功能,如时间、度量、表格、固定格式的自动替换等,能够帮助客户大大提高工作效率。

（7）目前已经垄断了翻译和本地化公司,是国内所有的外企、大型公司和专业翻译人员的首选。

（8）专业的技术支持及开发中心。

（9）多年的成长历史使 TRADOS 不断完善和丰富,满足客户的需求。

5. 系统要求与兼容性

（1）系统要求

SDL Trados Studio 2014 可以在 Windows7/8,Windows Vista,Windows XP,Windows 2000 和 Windows 2003 Server 上运行(建议使用 Windows 7/8 获得最佳性能);装有 Pentium Ⅲ 或兼容处理器的 PC(建议使用 Pentium Ⅳ 或更高配置);Windows 2000/Windows XP Home/Windows XPProfessional/Windows Vista 要求使用 512 MB RAM(建议为 1 GB)。

目前最新的 SDL Trados Studio 2017 支持 Microsoft Windows 7,Windows 8.1 和 Windows 10。建议的最低硬件要求为 Intel 或兼容的基于 CPU、带 2 GB RAM、屏幕分辨率为 1 024 × 768 的计算机。若要获得最佳性能,建议使用 4 GB RAM 和最新 Intel 或兼容的 CPU。但是 SDL Trados Studio 2017 不再支持 Microsoft Windows XP 或 Microsoft Windows Vista 操作系统。这是因为 TRADOS 现在使用的 Microsoft. NET Framework 4.5.2,已经不再支持 Windows XP/Vista。

（2）兼容性

SDL Trados Studio 2017 与 SDL Trados Studio 2014/2015 兼容。此外,SDL Trados Studio 2017 允许打开 TTX,ITD 文件和旧版的 Trados Word 双语文件,还能使用 SDL Trados 较早版本的翻译记忆库。该版本还支持 TMX(用于翻译记忆库)、TBX(用于术语数据库)和 XLIFF (用于翻译的文件格式)等行业标准文件格式。SDL Appstore 还提供对第三方格式(如 Wordfast)的扩展文件类型支持。

3.1.2 Déjà Vu

1. 简介

Déjà Vu 是一款计算机辅助翻译软件,以翻译记忆为基础和核心,利用计算机辅助翻译技术,帮助译者更好地完成翻译任务。

（1）翻译记忆库——人脑记忆的扩展

翻译记忆库是 CAT 软件的重要工作组件,它指的是计算机构建的原文和译文的句等值数据库。Bowker(2002:93)将翻译记忆定义为一种用于储存原文本及其译文的语言数据库。其工作原理为:"用户利用已有的原文和译文,建立起多个翻译记忆库,在翻译过程中,系统将自动搜索翻译记忆库中相同或相似的翻译(如句子、段落),给出参考译文,使用户避免无谓的重复劳动,只需专注于新内容的翻译。翻译记忆库同时在后台不断学习和自动储存新的译文,扩大记忆量。"因此,翻译记忆实际上是利用电脑代替人脑记忆大量资料,帮助译者存储以往的翻译成果,再遇到相同或类似的翻译时,可以直接利用或参考以前的翻译结果,这样就避免了重复翻译的麻烦。

Déjà Vu 软件的翻译记忆库是在翻译项目创建之初就一同建立起来的。译者每完成一个翻译项目,即可将其发送到翻译记忆库(Send Project to Translation Memory)。当然译者也可以选择 Déjà Vu 软件提供的自动发送(AutoSend)功能,将翻译结果自动发送到翻译记忆库,这样做的好处是避免译者忘记将翻译好的项目发送到翻译记忆库。对于篇幅较长,重复内容较多的翻译项目,译者可以参考该项目已有的翻译结果,如有重复,直接挪用,从而提高翻译效率。如同人脑在不断的学习中积累知识一样,翻译记忆库也会在译者翻译过程中不断充实。随着记忆库的丰富,译者可按照不同领域将记忆库分门别类管理,这样,在翻译某个专业领域的项目时,译者可调用对应的记忆库,翻译工作也就更加专业化。

Déjà Vu 翻译软件提供了预翻译(pretranslation)的功能,译者在翻译项目之前可以先使用该功能,Déjà Vu 将自动搜索翻译记忆库数据,并给出记忆库中已有的与原文中匹配的翻译结果。如此可排除重复翻译的句子,节省译者的时间和精力。

由此可见,计算机辅助软件中的翻译记忆库帮助译者储存大量以往翻译数据,并且在具体翻译过程中,利用自动搜索功能,随时向译者提供记忆库中与译文相匹配的数据供译者参考和使用,从而有效地排除了重复翻译的现象,大大提高了译者翻译的效率和一致性。

(2)术语管理(terminology management)——译者的专业词库

术语管理是 CAT 软件的又一重要工作组件,也是在实践中被证明的计算机辅助软件最实用的功能之一。译者在翻译专业性较强的材料时往往要查阅大量相关资料,有时甚至要学习和掌握该领域的基本知识,耗时又费力。而且术语的前后一致性也是值得注意的一个方面,如果术语翻译前后不一致,就很容易使读者在理解时出现上下文的脱节。计算机辅助软件中的术语管理可以较好地解决这些问题,术语库可以为译者提供术语参考,并能保证术语的前后一致性。

Déjà Vu 的术语库也是在项目创立之初就建立起来的。在翻译某一专业领域的文章时,译者可以事先找到该领域的一些专业词汇双语对照表(Text 或 Excel 格式)导入术语库。当然译者也可以在翻译的过程中随时将遇到的专业术语添加到术语库。在具体的翻译过程中,Déjà Vu 会扫描原文中的术语,如有匹配,便自动为翻译人员提供相应译文。这样既大大提高了译者的翻译效率,同时也确保了翻译过程中术语翻译的一致性。

Déjà Vu 术语管理独具特色,它分为两级,分别是术语数据库和项目词典(lexicon)。项目词典的用途在于存储和项目紧密相关、特别有针对性的术语,可用性更强。译者在翻译之前可以根据待译文章所属学科领域,搜索相关词汇并添入项目词典。在实际翻译过程中,Déjà Vu 会首先搜寻项目词典,其次是术语库,最后才是翻译记忆库。这样富有层次的搜索所得到的数据便于译者分辨和择取。

总之,译者通过 CAT 软件中的术语库管理,相当于建立了自己的专业词库。随着译者术语库质量的提高和规模的扩大,术语管理所发挥的功效也会日益显著。

(3)CAT 软件辅助下的项目管理(project management)

翻译产业日益繁荣的今天,大量翻译任务需要在限定的时间内完成。面对有限的时间和人力资源,"项目管理"概念越来越受到人们的重视。借助于 CAT 软件,项目管理的各个步骤更加便于操作。

Déjà Vu 具备了许多项目管理的功能。在项目管理的前期准备阶段,翻译项目管理者可利用 Déjà Vu 分析项目文本,评估其文字重复程度及术语分布情况。借助预翻译功能,项目管理者可事先将项目文本内的重复内容和术语翻译出来,这样一方面可以降低译员的劳动强度,另一方面可使管理者依据排除重复翻译后的实际翻译量分配任务并确定最终的劳动报酬,从而保证了任务量分配和报酬分配的公平。

Déjà Vu 的记忆库和术语库都是明确的数据库文件,可以单独保存使用,这样不仅利于记忆库和术语库的管理和保护,而且便于译者间共享和传递数据文件,方便了各个译员之间的协作交流,保证了多人翻译同一个项目时译文的一致性,从而使翻译过程中的质量控制变得更为有效。

在项目管理后期,项目管理者也可以借助 Déjà Vu 对翻译项目进行初步校对。Déjà Vu 可对最终翻译结果进行语法拼写检查,并利用术语库对翻译结果中的术语翻译情况进行核对,如有出入,便会在编辑栏中做出标记,以提示项目管理者更改。

2. Déjà Vu 的优点

首先 Déjà Vu 能够比任何其他 CAT 更简单地锁定重复,只用轻松地执行一次 SQL 语句即可。

Déjà Vu 提供了非常灵活的导出功能,导出双语 Word 时,可以直接排除重复的句子、锁定的句子和100% 及101% 匹配,以及可去掉所有标记(导出的文件不含任何标记)。

Déjà Vu 的项目分发也非常简单,Déjà Vu 项目实质就是一个 Access 数据库(文件型数据库),可以直接分发给译者,译者直接打开翻译即可,不需要进行任何导入和导出操作,这一点比 Trados 和 MemoQ 都更简单直观。

Déjà Vu 的记忆库共享和 Trados 一样,放在局域网共享盘,所有内部译者都可同时加载记忆库。

3.1.3　Wordfast①

1. 简介

Wordfast 是结合 Microsoft Word 使用的翻译记忆引擎。它可以在 PC 或 Mac 操作系统下运行。Wordfast 数据具有易用性和开放性,同时又与 TRADOS 和大多数计算机辅助翻译工具兼容。它不仅可以用来翻译 Word,Excel,Powerpoint,Access 文件,还可用来翻译各种标记文件。此外,Wordfast 还可以与诸如 PowerTranslator,Systran,Reverso 等机器翻译(MT)软件连接使用。另外,它还具有强大的词汇识别功能。

虽然 Wordfast 只是单个译员的辅助工具,但是也可以将它很方便地融入翻译公司和大型客户的工作流程当中。所有这些强大的功能都是通过一个简洁的 Word 模板实现的。如果借助 LAN 或互联网络还可以实现数据共享。

Wordfast 与 Ms – Word 完全融合,而且它兼容 Windows,MacIntosh and Linux。它是一个开放的系统:可以使用几乎任何软件打开并编辑它的 TM。Wordfast 是具有扩展性的:用户可以添加自己的进程和宏——输入区域,以便应对哪怕是最棘手的翻译项目。

2. 版本历史

伊夫·商博良有关 Wordfast 的最初构想是在1999 年。当时只有很少的 TM 软件可供选择,而且都价格不菲,所以伊夫·商博良一开始的想法是开发一种译者自己做主的 TM 软件包,其价格人们也可以承受。第二个想法是制作一种可以简便使用的工具,这样译员们就可以集中精神做工作,而不需要先变成计算机黑客。

伊夫·商博良于法国巴黎创办了 Wordfast,它为自由译者、语言服务供应者与跨国公司提供了翻译记忆独立平台的解决方案。它由一整套宏命令组成,可以在微软 Word 97 或更

---

① 参见 https://www.wordfast.net.

高版本中运行。截至2002年底,这个基于微软 Word 的工具(现称为 Wordfast 经典版)是一个免费软件。2009年1月,Wordfast 发布了 Wordfast 翻译工作室版(Wordfast Translation Studio),它包括 Wordfast 经典版和 Wordfast 专业版。后者是一个独立、基于 Java 的翻译记忆工具。

3. Wordfast 服务器简介

Wordfas 服务器(WfServer)是一种安全高效的翻译记忆服务器平台,可帮助语音服务提供商、跨国公司及翻译团队提高翻译质量,降低翻译成本,提高工作效率。凭借下一代翻译记忆技术的优势,WfServer 能够赋予每个译员参与服务器端合作翻译的能力。

(1)基于大型数据库的翻译记忆引擎

通过使用全新的翻译记忆引擎,WfServer 实现了业界最快速度、最大数据量、最强可扩展性和最大稳定性的完美结合。由于有了 WfServer,译员可以从此摆脱传统翻译工具专用数据库格式的束缚,可以根据实际业务需求自由地选择翻译记忆工具和迁移翻译记忆数据库,而不用担心以往的翻译记忆库使用兼容,避免了供应商锁定。

(2)WfServer 强大的团队协作功能

WfServer 强大的团队协作功能,使众多的内部或外部资源经由互联网与单个或多个翻译记忆库同时连接。项目全体人员因能够实时利用翻译记忆库查询结果和一致性检索结果而受益匪浅。而语言团队的成员,无论他们身在何处,均可以从中直接获得极大的便利。

(3)WfServer 强大的系统管理功能

WfServer 使用直观的许可管理系统,通过该系统,项目经理和管理员可轻松指定、修改或取消项目成员的权限。

4. Wordfast 的优点

(1)提升工作效率

通常能够使工作的速度提高50%左右。可以更准确地评估翻译项目的时间和成本,显著减少翻译错误,编写更为一致的翻译,建立企业翻译标准化流程;可以和全球译员实时连接,Wordfast Server 可大大提高翻译产出量,获得令桌面 TM 不可匹敌的高效率。

(2)节省经费

Wordfast Server 采用与服务器的 TM 相连接的方式,可最大限度地重复使用存储内容,与桌面 TM 相比,可节省20%至30%的费用。

(3)高速度、高稳定性

Wordfast Server 可同时允许上千用户使用和共享数亿条 TU,而不影响性能;其翻译效率与手工作业相比可以提高3~5倍。可以大幅度降低翻译的人工成本,实现重复的内容无须第二次翻译的目的。

(4)价值

以远远低于竞争对手产品的价格,获得了服务器端 TM 的最大利益,PDF 和 Word 原文件等进行快速语料回收建库,形成自有的行业知识库。

(5)支持更多的语言

支持几乎所有语言,包括:南非荷兰语、阿尔巴尼亚语、阿拉伯语(各分支语系)、巴斯克语、保加利亚语、白俄罗斯语、柬埔寨语、加泰罗语、中文(各分支语系)、克罗地亚语、捷克语、丹麦语、荷兰语(各分支语系)、英语(各分支语系)、爱沙尼亚语、法罗语、法语(各分支语系)、盖尔语(各分支语系)、德语(各分支语系)、希腊语、希伯来语、匈牙利语、冰岛语、印度尼西亚语、意大利语(各分支语系)、日语、韩语(各分支语系)、拉脱维亚 – 列托语、立陶宛语、马其顿语、马来西亚语(各分支语系)、马其他语、毛利语、挪威语(各分支语系)、波斯语、波兰语、葡萄牙语(各分支语系)、雷蒂亚阶罗马语、罗马尼亚语、俄语、塞尔维亚语、斯洛伐克语、斯洛文尼亚语、索布语、西班牙语(各分支语系)、瑞典语(各分支语系)塔加路族语、泰国语、刚果语、土耳其语、乌克兰语、越南语、威尔士语、班图语和祖鲁族语等 184 种语言。

(6)保证术语的一致性

WfServer 可支持添加多个行业术语库,术语库采用开放式、非加密的纯文本格式,便于维护或迁移,保证了企业关键术语的一致性。

5. 详细介绍

配合 WfServer 客户可以使用 Wordfast Classic 版本和 Wordfast Professioal 版本。Wordfast 是一种全新、高效的翻译记忆工具,能够充分满足译员、LSP 语言服务商、本地化公司、跨国企业的多方位需求。它高效灵活,易于部署和使用,具有处理大规模复杂翻译项目的诸多功能。Wordfast 具有业界领先的翻译质量检查模块,并且能够根据客户的需求自定义功能模块。Wordfast 拥有海量的第三方资源模块库可供译者选择。

(1)特点

①集多平台、开放式翻译记忆库于一体

Wordfast 计算机辅助翻译工具与 Microsoft Word 高度集成,是目前 Word 平台上最高效的翻译平台。Wordfast 是目前唯一一个能够运行于 Windows 和 MAC,以及 iPhone, ipad, Android 多操作系统的计算机辅助翻译工具。通过使用模拟器,Wordfast 还能在 Linux 平台上运行与工作。Wordfast 生成真正开放式的翻译记忆库数据文件,明码、非加密、易读写、易维护、易分享、易保存,便于翻译记忆库管理人员随时访问。同时采用了符合行业工业标准的翻译单元切分方法并支持 TMX 1.4b 翻译记忆转换格式及标记文本,Wordfast 的 TM 文件与 Dejavu,Trados,Catalyst 及大多数商用 CAT 工具兼容,避免客户被翻译工具厂商、供应商锁定。

②高效便捷

与其他笨重的 TM 引擎不同,Wordfast 采用小巧的低损设计,含有强大的数据管理功能和优异的通用性,可直接翻译 Microsoft Office 文件或使用 PlusTools 免费软件包翻译 HTML 和其他格式文件。Wordfast 的术语库可保证术语的统一性,无须购买其他术语插件工具。在翻译过程中或之后,Wordfast 通过其质量检查工具可随时显示翻译中常见问题,使编辑人员省力省心。

③兼容性及通用性

Wordfast 兼容任何支持翻译记忆转换(TMX)格式的翻译工具。Wordfast 的可兼容性,可使翻译公司与直接客户的工作流程实现无缝连接,而不必经过漫长的配置适应期或学习过程,因此能在 TM 功能、术语处理及质量检查方面带来许多额外的好处。

(2)支持的源文件格式

Wordfast 经典版可以处理以下格式:任何微软 Word 可以读取的格式,包括纯文本文件、Word 文档(doc)、微软 Excel(XLS)、PowerPoint(PPT)、富文本格式(RTF),以及带标签的 RTF 与 HTML。

(3)支持的翻译记忆和词汇表格式

Wordfast 经典版与 Wordfast 专业版的翻译记忆格式,都是简单的制表符分隔的文本文件,可以在文本编辑器中打开并编辑。Wordfast 还可以导入和导出 TMX 文件,与其他主要商业机辅工具进行交流翻译记忆。单个翻译记忆中最多可存储 100 万个单位。翻译记忆和词汇表的语序可以颠倒,这样可以随时切换源语和目标语。Wordfast 可以利用基于服务器的翻译记忆,并从机器翻译工具(包括谷歌在线翻译工具)中检索数据。Wordfast 的词汇表格式是简单的制表符分隔文本文件。Wordfast 专业版还可以导入 TBX 文件。词汇表的最大记录值是 25 万条,但只有前 3.2 万行可以在搜索过程中显示。

(4)文档

Wordfast 经典版的用户使用手册可以从 Wordfast 网站上下载,网站还提供免费培训和在线培训视频。

6.选择使用 Wordfast 的理由

(1)跨平台支持

与其他翻译工具不同,Wordfast 可兼容多个平台,如 Windows,Mac OS 及 Linux。

(2)Microsoft Office 界面

直观的操作界面,可减轻您的学习负担。大多数 Wordfast 新用户仅需几个小时便可透彻理解其各项功能。另外,Wordfast 支持其他 Microsoft Office 应用程序,无须过滤器即可支持 Excel 或 PowerPoint 之类的文档。

(3)外部资源的汇集点

借助于 Wordfast 同翻译记忆库、术语库、常用的词典或机器翻译引擎的无缝链接,译员可提高工作效率,降低错误率。

(4)用户自定义宏

Wordfast 的各项功能均可自定义,从而满足用户的特定需求。Wordfast 的质量检查功能可纠正拼写错误、术语遗漏或规定用户的质量保障惯例。

(5)点对点连接能力

可与远程翻译团队连接,提高团队的工作效率。在基于互联网共享的 TM 的支持下,多个译员可同步工作。

(6)价格

尽管 Wordfast 有众多优点以及与其他 CAT 软件的兼容性,其价格仅仅不到市面上常见同类工具的一半。

(7)术语库

每个术语库可支持多达 250 000 个条目,采用开放式、Tab 键分隔的纯文本格式,便于管理或转换。

3.1.4 雅信 CAT[①]

1.简介

与机器自动翻译系统(Machine Translation,MT)不同,雅信系统是一种计算机辅助翻译系统(Computer Aided Translation,CAT),主要采用翻译记忆(Translation Memory,TM)和人机交互技术,可以提高翻译效率、节省翻译费用、保证译文质量。适用于需要精确翻译的小团体和个人。

---

① 参见北京东方雅信软件技术有限公司 http://dgyx.show.imosi.com.

雅信系统附带有 70 多个专业词库、700 多万的词条资源。系统本身具有库管理功能，可以随时对语料库进行管理，包括增加、删除、修改语料库和充实、丰富语料库。库管理分词库管理和语料库（记忆库）管理。

2. 系统功能

（1）翻译

雅信辅助翻译是一套专业的辅助翻译系统，它提倡让人和计算机优势互补，由译者把握翻译质量，计算机提供辅助，节省译者查字典和录入的时间。系统还具有自学习功能，通过翻译记忆不断积累语料库，减少重复劳动，降低劳动强度，避免重复翻译。它能够帮助译者优质、高效、轻松地完成翻译工作，一个熟练的用户速度可提高一倍以上。

（2）库维护

库维护是对用户积累的资源进行集中管理，可增加、删除、修改语料库，充实、丰富语料库，并使语料库更精确、更实用。库维护分别对词库管理和语料库（记忆库）管理。

（3）CAP（项目管理）

项目管理是对翻译项目进行科学管理的工具，可在译前提供待译文档统计数据，保证译文质量和术语统一。在翻译前，可以先对项目做译前分析，从记忆库中提取本次项目可以参考的词库、记忆库，并且产生分析结果（主要内容为本项目的工作量和记忆库中可直接利用的句子数量）和片段预测结果（对本项目中的文字直接进行统计处理，可预报单词、词组或句子出现的频次。对高频次的片段可在统一定义后添加到词库或记忆库中），大大简化了项目的组织和管理。提取出的参考语料库可通过各种方法分发（比如磁盘、局域网或电子邮件附件），便于灵活地组织翻译项目。

（4）CAM 快速建库

对于以前翻译的历史资料，可以利用"CAM"快速建立为记忆库，以便在翻译时参考使用。这样，对于刚开始使用系统的用户来讲，可以大大缩短记忆库积累的时间。

3. 系统特点

（1）优秀的记忆机制，一次翻译，永远受益

相同的句子、片段只需翻译一次。系统采用先进的翻译记忆（TM）技术，自动记忆用户的翻译结果。翻译过程中，系统通过独创的搜索引擎，瞬间查找记忆库，对需要翻译的内容进行快速分析、对比，对于相同的句子无须翻译第二遍。历史素材的重复利用，不但提高了翻译效率，而且达到了翻译结果的准确和统一，同时还降低了成本，节省时间。

相似的句子、片段系统自动给出翻译建议和参考译例，用户只需稍加修改即可完成翻译过程，甚至可选择自动匹配替换，直接得到翻译结果，避免重复性劳动，提高工作效率。

用户可以通过网络共享资源，不但自己翻译过的内容无须重复翻译，别人翻译过的内容也可以利用。还可利用系统中的"CAM"模块自动建库，把以往翻译过的内容转换为可供系统使用的记忆库，从而重复利用过去的资源。

（2）与 MS – Word 无缝对接，翻译、排版一次完成

翻译过程是针对流行的 Office 文档开发的，实现了与 Ms – Word, Ms – Excel, Ms – Ppt 的无缝对接，用户的翻译过程在 Office 中进行。用该系统进行翻译就像在 Office 上添加了翻译功能一样方便，用户主要的工作界面就是 Office 本身，翻译结果和原文版面、格式完全相同。翻译、排版一次完成，一举两得。

方便的人机交互方式，最大限度地提高翻译效率。系统针对专业翻译的特点，提供了

多种方便快捷的交互手段。在翻译过程中,系统自动提供整句的参考译文、片段译文、智能联想、语法提示及每个单词的解释,就像从大到小的一系列积木,由用户将其组成通顺的译文。这样可大大减轻不必要的机械劳动,突出了人在翻译过程中的主导作用。

对于不习惯中文输入法的用户,翻译过程所有的操作几乎都可通过点取鼠标来完成。习惯使用键盘输入的用户可以通过系统提供的快捷方式,方便地继续取句输入译文,其速度超过任何现有的输入方法,击键次数成倍降低。

用系统翻译平台做翻译,就像做智力游戏,工作从此不再枯燥乏味,而是充满乐趣与享受。随着使用次数的增加,记忆库中的例句和片语将会越来越丰富,译者的翻译速度也会越来越快。系统翻译完成机械的、琐碎的、重复的劳动,真正的译者只需将注意力集中在创造性的工作上。

(3)项目管理化,建立标准翻译机制

对于数量较大的翻译项目,使用"雅信 CAT 4.0 系统",可以在翻译之前,通过"项目管理"结合已有的翻译记忆库自动对需要翻译的文件进行分析,估计翻译工作量、时间和费用。同时生成翻译项目统一的语汇表,可由项目负责人对项目中要用到的语汇统一定义,保证译文中语汇前后一致。项目组可定期汇总语料库,资源共享,减少重复劳动。若是网络版,在局域网工作的小组更可通过服务器,实时更新语料库,达到资源完全共享,最大限度地减少重复翻译的过程,进行项目化管理。

(4)方便的例句搜索,提高翻译准确度

如果个别词义拿不准,可使用系统翻译平台的快速搜索引擎,对选定的任意词、词组的组合进行例句搜索,在例句库中查找包含被选定语汇的典型例句,作为翻译参考。

(5)语料库丰富,近百个专业库任意切换

系统翻译平台随系统提供了庞大的专业词库,词汇量达 1 000 余万条,涉及 70 多个常用的专业。用户可随意选择单个或多个专业。

(6)翻译结果以双语形式保存,方便校对和重复使用

翻译后的句子以原文、译文双语对照的形式保存,校对和修改非常方便。校对后的双语文档,可以直接生成为记忆库供重复使用。

系统的定时存盘功能,以保护用户的劳动成果。系统每隔 5 分钟把双语保存一次,如果退出时没有存盘或系统异常退出,下次启动时会自动打开备份的双语文件。如果用户在 Office 中翻译,定时存盘的任务由 Office 完成。

4. 系统价值

(1)高效地组织翻译项目

系统提供了先进的项目管理工具,用户可以利用它轻松组织多人参与的大型翻译项目,有效控制和提高项目质量,合理调配人力资源,确保项目按时完成。

(2)节省翻译成本

利用系统的翻译记忆技术,永远不需翻译相同的句子;利用模糊匹配技术,相似的句子也只需稍加修改即可。对于长期从事专业翻译的用户,资料的重复率相对较高,效率提高就更加显著。例如,设备说明书的不同版本之间,重复率通常都在 30% 以上,有的甚至高达 90%。利用该系统后,节省了大量的人力、物力,效果非常可观。

(3)提高译文的一致性

对于多人参与的翻译项目,要做到专业用语和习惯用法的统一往往很困难,这种不一

致性常导致整个项目质量的下降或大量的校改。而利用系统中的项目管理工具,不但可事先对项目中用到的专业用语进行统一,还可以对某些固定句式(比如 copy × to ×)的译法进行规范,这样可有效保证整个项目中译文的一致性,显著提高项目质量。

(4)翻译更快更轻松

利用系统提供的译校工具,翻译人员可以不必考虑原始文档的格式,也不必学习多种排版系统的用法就可以高效地完成任意文档的翻译。只需面对"系统审校"简单的翻译界面逐句翻译即可。对于定义好的单词或词组,只需用快捷键或鼠标选用即可。而且,还提供了智能提示技术——当输入第一个字母或汉字时,系统就会提供高度准确的推测,只需从候选条目中选取即可。这样不仅保证了输入的正确性,而且可节约大量的输入时间。

(5)校改更方便

"系统审校"提供了非常方便的校改界面,原文和译文逐句对照的形式免除了在原文中查找对应部分的枯燥劳动,并可以在校改完成之后,生成审校评价报告,便于对译员进行质量评价和反馈。

3.1.5　TRANSIT

1. 软件简介

TRANSIT 是一种翻译记忆软件,是由瑞士 STAR Group 开发的一套功能完善的"电脑辅助翻译系统",专为处理大量且重复性高的翻译工作所设计。

TRANSIT 同时也是提供本地化工具和技术翻译服务的专业软件,支持超过 100 种以上的语言格式,包括亚洲、中东以及东欧语系。广泛应用于企业全球化作业程序。

STAR Group 总部位于瑞士,在全球 30 多个国家和地区设有营运点,是现今颇具规模的多国语言服务与技术性通信/翻译供应商,提供各种解决方案以协助企业确保资讯及品质最佳化。

2. 翻译记忆

翻译记忆工具能够协助翻译人员克服工作上的成本与数量管理。除了可以达成最迅速的翻译,另一方面也能够维持高水平的文件品质。绝大多数的翻译记忆工具能确保品质,同时节省开销,甚至还可以为翻译专业人员管理作业程序。有些翻译记忆工具,例如 TRANSIT,使用时只需要将翻译的文档汇入,接着利用历史纪录文档中的"翻译记忆"(TM 或称参考资料)来进行全自动或半自动翻译,最终再将翻译好的文档汇出,完成递交高品质译文的工作。

3. 运作概念

TRANSIT 针对各种语言均采用单一作业流程。

(1)汇入

TRANSIT 自原始文件中将格式化资讯撷取,它能够支持所有通用的桌面排版、文字处理和标准文档格式。TRANSIT 在进行筛选的同时会将文字与文件架构分开处理。在汇入的过程中,TRANSIT 会自动将原始内文与数据库里过去曾完成的翻译做相互比较,进行筛选过滤,并自动利用、取代完全相同及相似度高的译文。由于所有原始内文以及其过去的翻译皆储存在翻译记忆(TM)中。在汇入时,TRANSIT 会利用翻译内存档案执行自动预先翻译,将文件预先翻译成所有选定的语言。

（2）翻译

TRANSIT 能协助翻译人员进行翻译,并提供适用于所有专案的单一供应环境,以翻译为导向的多视窗编辑器。在翻译内存中的比对搜寻,透过 TermStar 术语字典自动进行术语搜寻。

（3）汇出

一旦在 TRANSIT 中完成翻译后,翻译人员就可将已完成的翻译自 TRANSIT 汇出。在汇出过程中,TRANSIT 会重新将原始文件架构至已翻译的内文中。因此,最终得到的仍是一份具备原始文档格式的翻译文件。

（4）TRANSIT 为企业提供最佳翻译的技术解决方案

由于 TRANSIT 具备翻译记忆及品质管理的功能,专案经理可以妥善管理企业内部的翻译专案,完全应付 FrameMaker,XML,HTML,MS Word,PowerPoint,Adobe Indesign 等主流文档格式。同时也能够管理已有翻译与专业术语,向译者提供翻译时的建议与参考,借此提高翻译人员的生产力,减少人力成本。

4. 特色

将同一专案中多个文档以单一文档进行管理。可自动翻译文件内容,并提供数据库中翻译及用字建议(亦即 TM 翻译记忆系统)。加速重复性高的翻译作业。操作及学习简易,支持绝大多数文档格式。经 TRANSIT 格式化建立的文档,多数维持在 10 KB 以下,所占空间资源极小。可轻松管理及更新翻译记忆资料。可自订使用者接口。可将翻译文档合并加载,进行整体专案的浏览、搜寻/取代、拼字与格式检查工作,并进行存取。具备进度显示功能。执行速度完全不受专案大小影响或限制。即便在具备最少工作资源的电脑上运作,仍有令人满意的成效。可与 DTP(排版)系统相互整合。具备一致性之品质监控。

5. 支持的文档格式

Windows,UNIX 及 Apple Macintosh 的 ANSI/ASCIICorel WordPerfect 5-8HTML 4. x,XML,SGMLWindows 2000 的 MS Word,MS Excel,MS PowerPointWindows 95/97 的 MS Excel 97,MS PowerPoint 97,MS WordMacintosh 的 MS WordRTF 及 Win Help 的 RTFWindows 资源档（RC）Unicode：UTF-8,UTF-16WordPro,AmiProQuarkXPress 3. 3. x 及 4. 0. xAdobe（FrameMaker,InDesign,Pagemaker）Adobe PageMaker 6.0 – 6.5 QuarkXPressAutoCad（R13/R14）Interleaf/QuicksilverVisioC/C++,Java/VB 或其他来源码。

6. 版本

Transit Professional 含有专案管理与团队翻译所需的完整功能,适合专案经理人与独立翻译工作者使用。Transit Workstation 除无法进行专案汇入与汇出外,Workstation 包含 Professional 版的所有功能,适合经常从派案人员手上承接案件的翻译工作者。Transit Smart 具备自由及独立译者所需的所有功能。

7. 试用推广

TRANSIT Satellite PE 是一套同样由 STAR GROUP 团队所研发,完全免费的个人版翻译记忆工具,提供翻译工作者随时随地取得案件,让翻译管理人员可以直接将"Satellite PE 使用者"所完成的译文汇入 TRANSIT 当中,大大提升翻译流程与工作效率。TRANSIT Satellite PE 的特色有:专为那些平日与翻译公司或企业机关合作的特约翻译人士(俗称自由译者)所开发。翻译人员可以独立承接专案、进行翻译工作,并将完成之专案提交负责统筹翻译业务的专案经理人。目前于 STAR Group 官方网站上提供 TRANSIT Satellite PE 试用版免费下载。

3.1.6　Transwhiz(译经)

1. Transwhiz 简介

Transwhiz(译经)是台湾欧泰(Otek)公司开发的"中英－英中"和"日英－英日"双向翻译系统,分为专业版和实用版。

该翻译软件不仅能翻译整篇文章或文档、个别词汇、短语或句子,还可随时在网上做翻译工作,也附有字典搜查功能,均可即点即译。结合 AI 人工智能翻译引擎,支持很多文档格式: Word,Excel,PowerPoint,PDF,txt,HTML。在 PDF 和 PowerPoint 文档内,直接翻译。特别提供繁简中文互转、中英朗读等功能。字典词库更多达十万字,另配十多套电脑、化工、商管等专业字典。使用者可自建专业字典,提高翻译准确性。

译经 10.0 是译经翻译系统的最新版本,采用了欧泰独家研发的 MLM(Multiple Layer Module)多阶层模组匹配翻译引擎,结合 Fuzzy Search 翻译记忆库,提供公认正确率最高的翻译结果,能有效解决企业、学校、个人及专业译者的翻译困扰,不管是 Office 文件、Acrobat PDF 文件、即时通信(Messenger)或网页翻译,译经都能满足译员、公司、单位对翻译的需求。

MLM(Multiple Layer Module)多阶层模组匹配翻译引擎:这是欧泰最新开发,采用 18 层递回文法匹配模组和语意分析,内建新一代人工智能,能够大幅提高翻译正确率的翻译引擎。各种文法从句、倒装句和复合句都难不倒它,摆脱目前市面上一般翻译软件给人只能拿来做字典及语言学习工具的刻板印象,将翻译软件从字典功能提高到可以实际翻译文档应用的境界。

译经(Transwhiz)是许多著名大学及专业团体指定的翻译软件,除了作为台北市立图书馆、政治大学翻译中心、文化大学、玄奘大学全校指定使用的翻译软件之外,更被青云应用外语系、南亚应用外语系、高雄第一科技英语系采用为英语系学生翻译课程的上课教材。译经也是台湾很多翻译社、专利事务所、医生、工研院等单位指定使用的翻译软件。

2. 译经 10(Transwhiz 10)主要功能及专业版与实用版的功能比较(表 3 – 1)

表 3 – 1　译经 10 专业版与实用版的功能比较

区分类别	主要功能	专业版	实用版
MS Office 和 Acrobat Reader 支持	Transwhiz Word Workbench (Word 翻译工作平台) Office 文件整合翻译 PDF 文档翻译	是 是 是	否 是 是
翻译功能	内建 Fuzzy Search 翻译记忆库(TM) 支持反向翻译 多档批次翻译 RSS 自动翻译 MSN,Yahoo 即时通信翻译	是 是 是 是 是	是 否 否 否 是

表 3-1(续)

区分类别	主要功能	专业版	实用版
翻译功能	支援客制翻译引擎	是	否
	整合式字典查询	是	是
	网页全页翻译	是	是
	简繁翻译功能	是	是
应用程序支持	秘书拍档英文书信写作	是	否
操作界面	整合式翻译平台	是	是
	文法解析图	是	否
	中英文语音功能	是	是
	文法程式自动更新	是	是
字典功能	完整的专业字典	是	是
	智能词汇搜寻	是	否
	鼠标点查即时翻译	是	是

(1)专业版独有功能介绍

①RSS 自动翻译

自动翻译 RSS 订阅的标题、摘要和全文,可个别设定更新时间和翻译套用的专业字典,是浏览英日语外文 RSS 的必备工具。

②秘书拍档英文书信写作

提供 200 分类,超过 8 000 句英中对照例句,以及各类型信件范本,修改部分文字即可翻译套用,是快速写作英文书信的最佳工具。

③Transwhiz Word Workbench(Word 翻译工作平台)

Word 翻译工作平台是译经9.0 特别针对习惯在 Word 程序进行翻译作业的使用者所设计的整合式翻译平台。它在 Word 程序提供了一部分整合式翻译平台的基本功能(翻译、字典及翻译记忆库),可以直接翻译目前游标所在的 Word 句子,完成翻译和编辑后,将译文句子存回到 Word 文件和翻译记忆库中,再继续下一句的翻译。这个功能最适合专业译者,快速又能记忆的 Word 翻译工作平台,是要短时间翻译大量 Word 文件不可或缺的秘密武器。

④支持反向翻译

提供译文反向翻译之功能,使用者可以依据译文的反向翻译来判断译文的准确度作为修正译文的参考。

⑤提供翻译文法解析图

提供翻译的文法解析图,将句子的词性、字义及文法结构做完整的分析,可以让使用者彻底了解句子的特性,属于专业性功能,对语言学习有莫大助益。

⑥文件词汇搜寻功能

翻译前先从原文搜寻出专业字词,事先加入字典,可以大幅提高翻译准确率。

⑦支持定制、特定翻译引擎

使用者可以自建特定语言的翻译引擎及翻译记忆库,来翻译特定语言的文章,让其他语言的翻译工作一样轻松容易。

⑧多档批次翻译

可一次设定多篇欲做翻译的文档及存档位置,然后执行整批翻译作业,节省单篇翻译、存档的反复操作时间,快速掌握工作进度。

(2)专业版和实用版的共同功能

①支持最多档案格式

译经电脑翻译系统支持很多文档格式,包括 PDF 文档、TXT 文档、Word 文件、Excel 工作表、Outlook 信件、PowerPoint 文件、HTML 网页、RTF 文件和 RC 文件,帮助使用者解决大部分文件格式的翻译问题。

②Office 文件整合翻译

译经可以在 Office(如 Word,Excel 等)程序内嵌翻译选项,可以直接翻译 Word 文件、Excel 工作表、Outlook 信件、PowerPoint 文件,并且保留图文格式不变,节省译后排版时间。

③PDF 文件翻译

译经支持 Acrobat PDF 的文件翻译,在 Acrobat Reader 内嵌翻译选项,将 PDF 文件直接读入译经多视窗整合式平台来做翻译,借由强大的译后编辑功能,使译者翻译 PDF 文件得心应手,不需要繁复的粘贴过程,就可顺利完成翻译工作。

④内建 Fuzzy Search 翻译记忆库(TM)

采用资料库技术,可以记忆编辑过的句子,累积翻译知识,翻译时可以直接套用或查询,同样的句子,无须翻译第二次,是新一代翻译软件必备的重要功能。

⑤提供完整的专业字典支持

译经英中双向版本除了基本字典外,还内含电子、机械、化工、土木、医学、法律、财经、商业书信、商业管理和保健等十多类专业字典,可以针对不同的专业文章来搭配适合的专业字典做翻译,这样可以确保翻译结果的专业性,不会出现类似 spring 这个字在"机械"类文章译出"春天"而不是"弹簧"的情形。

译经日中双向版除了基本字典外,还内含电子、机械、化工、医疗保健法律、财经和娱乐等多类专业字典,可以针对不同的专业文章来搭配适合的专业字典做翻译,这样可以确保翻译结果的专业性,不会出现类似"渍"这个字在"财经"类文章翻出"盐腌"而不是"套牢"的情形。

英中双向支持的专业字典类别:电子、机械、化工、土木、医学、法律、财经、管理、贸易、保健。

日中双向支持专业字典类别:电子、机械、财经、法律、医学、化工。

⑥即时通信翻译

对于 MSN(Windows Live Messenger),Yahoo Messenger 等即时通信软件即时翻译收到的文字,并且也可以翻译要送出的文字。从此和外国人沟通不再是鸡同鸭讲。

⑦多视窗整合式翻译平台

译经提供个人化的整合式翻译平台,结合翻译、字典及翻译记忆库,以多视窗关联显示,提供以下功能:

整合翻译:可以翻译各种文档,提供批次、整篇、单句和重新翻译等多种翻译模式。还可以显示其他可能的翻译结果。

文法解析(专业版):提供翻译过程的文法解析,使译者了解电脑如何执行翻译工作。

反向翻译(专业版):提供翻译结果的反向翻译,有助于论文的写作。

字典功能:游标字即时查询、详细字典查询、字典编辑和译文的查询替换。

翻译记忆库:译文句子对记忆库的即时查询、套用和记忆库的更新功能。

语音:支持原文和译文的中英文单字或句子的发音。

游标单字原文和译文对照连接,可以查询其他解释,即时替换,支持鼠标拖拉,是最人性化的译后编辑界面。

⑧整合式字典查询

同时显示查询字词的解释、相近字和该字词在所有专业字典的解释。

还可以管理自己的生字笔记,是复习生字的最佳工具。

⑨定期程序文法自动更新

内建自动更新机制,定期更新完整的程序、文法和专业字库,让翻译引擎随时拥有最新的文法并有效提升翻译准确率,非其他仅可提供新字下载的翻译软件所能相比。

⑩网页即时翻译

搭配专业字典,即时翻译国外网页,是遨游国外网站、寻找资料、国外网络购物或公司网站全球化不可或缺的利器。

⑪快速便捷的鼠标点查

可应用于任何程序下(包含 PDF 文件),鼠标移到哪里,就可以直接翻译整行文字或查询单字,是浏览网站及阅读国外文件的好帮手。

⑫智能型简繁翻译

提供中文繁体和简体的文字转换,此外还针对大陆与台湾提供不同的用词转换,开放式的字典架构,可以让使用者自行增加对应新词,提升翻译准确率。

⑬完整的英语发音功能

除了支持鼠标点查发音功能外,也提供英文发音,可做全篇或部分的朗读,是学习语言的最佳利器。

⑭自动判别假名汉字和语尾变化(日中双向)

可以自动判别假名汉字和语尾变化,亦可显示外来语来源字。中翻日可选择译文文体、敬体或常体。

⑮不需注册即可使用

安装完毕后,不需经过注册即可马上使用,且无安装次数限制(仅限个人使用),无须担心电脑重装或更换电脑后产品无法使用的问题。

3.1.7 Heartsome

1.简介

Heartsome Translation Studio 是由瀚特盛科技倾力打造的一款 CAT 工具,在易用性、扩展性、移植性等方面,达到了行业领先的水准。Heartsome Translation Studio 8.0 以基于 XLIFF1.2 开放标准的 XML 格式作为翻译记忆库和术语库的交换文件格式,使用 SRX (Segmentation Rules Exchange 1.1 版及更低)标准作为文件分段规则,可完美支持同类 CAT 工具的标准交换格式文件。

2. Heartsome Translation Studio 8.0 特性描述

（1）全新的用户界面

采用全新设计的一体化界面，更加注重提高用户体验，可以在一个界面中完成从文件准备到译后处理的所有流程。主界面提供多个操作面板，可以根据用户个人喜好，自由地拖动、最小化、最大化它们，或者切换纵横布局。

新设计的翻译编辑器面板，支持显示整篇文档的所有句段，极大地方便了上下文查看，同时可以调整翻译面板中源文列、目标语言列和状态列的位置。

同时，也可以在一个界面中管理所有的记忆库和术语库，自动保存所有使用过的数据库服务器连接信息。

（2）全新的项目管理

新设计的项目管理面板，支持多种拖放操作和批量操作，可以帮助译员完成诸多项目文件管理相关的工作。可以将文件/文件夹在项目管理面板和磁盘之间来回拖放，也可以在项目管理面板默认文件夹中直接来回拖放。还可以选中整个项目、任意文件/文件夹进行批量操作，包括字数分析、预翻译、锁定重复文本段、品质检查、转换为目标语言等。

（3）更多的文件类型支持

Heartsome Translation Studio 8.0 对 7.0 版本的文件转换器进行了深度优化，采用了全新、高效的 XML 解析器，将更加高效和准确地抽取翻译文本内容至 XLIFF，同时还增加了更多项目中常见的文件支持，提高了项目本地化的质量和效率。Heartsome 提供的高级功能插件"配置 XML 转换器"，更是可通过配置以支持所有基于 XML 格式的文件。

（4）增强的翻译引擎

增强了相关搜索功能，译员可以在查询记忆库时定义筛选条件，以便更快、更准地找到更合适的译法。例如，在 TM 中查询 sample 一词，可以排除目标文本段中包含"样本"的翻译单元，以便搜索 sample 的其他译法。相关搜索还可以显示其他目标语言列，例如，源文为英文，目标语言同时显示简体中文和繁体中文。

Heartsome 还会即时检索术语库，在术语面板中顺序显示。术语匹配面板除了显示匹配术语列表，还显示术语的属性（来源）。例如，在加载多个术语库后，可以通过属性信息区分术语匹配的来源，这样有助于保持一致性。

另外，增强了基于样例的机器翻译（Example Based Machine Translation，EBMT）算法，支持在一个匹配中同时替换多个术语。

（5）独创的机器翻译预存功能

同时支持 Google Translate API v2，Bing Translator 两个机器翻译引擎，并首创将机器翻译内容预存于 XLIFF 文件中，可以用作 TM 供团队成员参考，这样译员可实时获得机器翻译，无须等待，也无须因重复访问机器翻译 API 而重复支付费用，有助于节约本地化项目制作成本。

（6）灵活的品质检查

增加了更多的品质检查项，能最大限度地保证翻译质量。同时也提供了灵活的检查设置，可以设置在完成翻译或批准时自动执行品质检查，也可以手动对单个文件、多个文件或整个项目执行品质检查。支持的品质检查项包括：术语一致性、数字一致性、标记一致性、非译元素、段首/段末空格、文本段完整性、译文字数限制、拼写检查、文本段一致性。

（7）全新的 RTF 外部校对支持

可将 XLIFF 文件内容导入到 RTF 文件中进行外部校对，同时也能将外部改动再更新到 XLIFF 中。通过这一外部扩展的支持，能让译员更灵活地做质量控制，提升项目质量信誉。

（8）更多的数据库类型支持

Heartsome Translation Studio 8.0 除了内置一个高效的数据库服务外，还支持 Oracle，MySQL Server，PostgreSQL 等主流数据库。更令人兴奋的是，它还支持云端数据库，例如 Amazon RDS。记忆库或者术语库可以很容易让全球各地的团队成员或者自由译者实时共享访问。

（9）更加灵活、安全的许可证管理

全新升级的许可证管理机制，支持自助在线激活，取消激活许可证，免人工处理。同时，支持一个许可证在多台计算机上迁移使用，包括译员的台式机、笔记本或其他地点的机器。许可证的在线联网验证，为用户的许可证管理提供了更加安全的机制。

3. 各版本差异（表3－2）

表 3－2　Hearesome 各版本差异

	产品功能	精简版	个人版	专业版	旗舰版
项目管理功能	项目向导与属性设置	✓	✓	✓	✓
	项目分发功能（项目包）			✓	✓
	项目字数分析功能（每文件夹和汇总）		✓	✓	✓
记忆库管理功能	本地记忆库/术语库支持		✓	✓	✓
	远程记忆库/术语库支持		✓	✓	✓
文件管理功能	文件转换		✓	✓	✓
	分割/合并 XLIFF 文件			✓	✓
翻译功能	翻译编辑功能	✓	✓	✓	✓
	编辑源文	✓	✓	✓	✓
	预翻译		✓	✓	✓
	智能锁定重复文本段		✓	✓	✓
	繁殖翻译			✓	✓
	快速翻译		✓	✓	✓
	机器翻译支持（Google 和 Bing）		✓	✓	✓
	翻译进度分析		✓	✓	✓
	文本段过滤功能	✓	✓	✓	✓
	上下文匹配				✓
品质检查功能	RTF 文件外部校对支持			✓	✓
	批量翻译—致性检查		✓	✓	✓

表 3 - 2(续)

产品功能		精简版	个人版	专业版	旗舰版
高级功能	免费插件和插件配置			√	√
	预存机器翻译(缓存)				√
	自定义分段规则和 XML 转换器配置			√	√

3.2　在线智能语言工具平台

3.2.1　译库①

1. 概述

译库是以大数据、云计算、自然语言处理等技术为基础,以跨语言大数据处理为核心价值的信息处理平台。该平台充分利用自然语言处理领域最新的先进技术,构建和提供包括机器翻译、语言资产(翻译记忆、术语库等)、辅助翻译等多个工具,未来将进一步提供开放的多语种语音识别、跨语言信息搜索、多媒体翻译等工具。译库以互联网的开放性思想向互联网用户提供了以下四种开放服务,包括开放式多语机器翻译、开放语言资产共享、开放式计算机辅助翻译和面向开发者的开放接口服务。译库的宗旨是希望通过提供好的免费工具、开放共享的资源为互联用户提供价值,进而推动语言服务业的创新发展。

2. 开放多语机器翻译

译库开放式多语机器翻译是实现提供以汉语、英语为中心向其他语言之间互译的机器翻译平台,对互联网个人用户提供完全开放服务,为商业机构提供限量开放或者定制化服务。区别于谷歌、百度等的通用机器翻译,译库提供基于特定领域的机器翻译,以大大提高机器翻译的质量和机器翻译的商业价值。译库甚至为拥有大规模数据的客户提供个性化机器翻译训练服务。译库机器翻译允许互联网用户在使用机器翻译的同时修正机器翻译的结果,通过不断贡献正确的知识,帮助系统自我学习和提高翻译质量。译库机器翻译是以统计翻译学理论为核心的机器翻译技术,语言数据是统计机器翻译的动力燃料,所以译库机器翻译实质上是一个语言大数据分析处理的技术平台。

3. 开放语言资产共享

语言资产(linguistic assets)是指组织在语言服务生产过程中形成的,由组织拥有或者控制的,预期会给组织带来经济利益的语言资源,它是组织从事语言服务生产经营活动的基础,是一种以语言形式表现的,可用于组织经营管理中的无形资产。平行语料库、术语库、翻译记忆库等都是语言资产的管理内容。任何高质量、准确的语料数据都是人类智慧共同的财产,有着非常重大的社会和经济价值。在整个互联网上并不缺少这样的数据,而数据因非常零散地分布在互联网上而无法被有效利用而浪费,是低价值密度的大数据。

译库是我国首个开放式语言大数据资源共享交换平台,开放资源共享,提供开放服务。译库开放语言资产共享平台是一个为基于互联网的个人语言资产管理的工具,提供云端语

---

① 参见译库官网 https://www.yeekit.com/.

言资产管理和云存储服务,用户可以在线使用自己的语言资源提供高翻译效率,也可以通过开放接口将自己的翻译管理系统或者辅助翻译系统集成起来。译库吸引和鼓励互联网用户在这里上传、分享自己的语言资产并相互交换,平台提供语言资源的管理、检索、分享、交换和评价工具。译库让来自全球的各种语言资源能够在这里快速汇聚、聚合并最终产生聚变。译库语言资产由互联网用户共同创造并最终服务于互联网用户。

4.开放计算机辅助翻译。

译库开放辅助翻译是一个基于 Web 的辅助翻译工具,也是一个免费开放的互联网工具,用户无须购买和安装任何软件,随时随地通过电脑浏览器或者移动终端就能获得传统商业 CAT 软件类似和传统模式下无法实现的更强大的功能,用户可以利用该工具进行在线翻译和翻译管理,可以在线调用机器翻译和翻译记忆库,支持数十种常见文档格式的自动分析处理和译后文档还原,还能提供基于互联网的在线协作翻译能力,等等。

译库辅助翻译,它能够帮助翻译者优质、高效、轻松地完成翻译工作,它不同于单纯的人工翻译或机器翻译,而是在人机共同参与下采用后编译技术完成翻译,可以大幅度提高翻译效率和翻译质量。机器翻译和翻译记忆库是译库辅助翻译的技术核心,译库辅助翻译可以使用译库机器翻译,可以使用私人的或者共享的语言资产(翻译记忆库),所以译库辅助翻译是对译库机器翻译和语言资产集成应用的最佳实践。

机器翻译、语言资产、辅助翻译和翻译管理之间的关系见图 3–1。译库辅助翻译流程示意图见图 3–2。

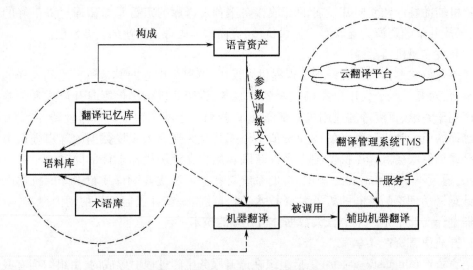

图 3–1　机器翻译、语言资产、辅助翻译和翻译管理之间的关系图

5.译库开发者平台

译库是一个开放的平台,其开放性不仅仅在于用户可以自由使用网站的功能和资源,还在于它提供了开发者平台。译库开发者平台提供开放的开发接口和开发帮助文档,互联网开发者可以利用开发接口开发自己的个性应用,包括应用软件、网站或移动应用等,例如用户可以利用译库的开放接口开发自己的翻译管理系统。译库开发者平台为机器翻译、语言资产和辅助翻译三者都提供了开发接口。译库开发者平台让译库的边界进一步得到延伸,通过互联网开发者的力量让译库更加开放给互联网。

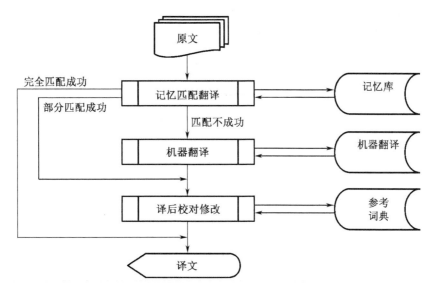

图 3－2 译库辅助翻译流程示意图

3.2.2 Tmxmall[①]

1. 关于 Tmxmall

Tmxmall 是国内最大的翻译记忆库检索交换平台,为广大网友提供在线翻译、在线词典、英语学习资料、翻译记忆库上传下载交换等服务,致力于提供优质权威的翻译记忆在线服务。产品由上海一者信息科技有限公司研发,公司致力于云翻译记忆库技术与产品的开发与应用,包括海量翻译记忆库处理技术、分布式信息检索技术、翻译记忆库交换平台、翻译记忆库 API 输出,以及云翻译记忆库解决方案等。主要产品包括语料在线对齐、公有云语料交换、CAT 集成技术、私有云语料管理,以及语料商城交易平台等,平台每日自增长的语料数据超过百万句对,是行业最具影响力的语料生产与共享交易平台。

2. Tmxmall 平台介绍

(1)翻译记忆库检索与交换平台

Tmxmall 的中英翻译记忆库公有云平台,具备搜索、上传、下载、账户管理和积分购买等功能。平台支持中英双向检索,检索速度快;语料超过 7 200 万句对,总字数达 15 亿字,且在持续增长;语料质量高,均经过人工审核;语料涵盖面广,覆盖经济、数理科学和化学、生物科学、医药、卫生、石油、天然气工业、能源与动力工程、机械、仪表工业、自动化技术、计算机等行业和领域。平台开放语料众包编辑,人人参与编辑、校对、评比,不断完善语料质量,共同建设高质量的语料平台。

(2)云翻译记忆 API

云翻译记忆 API 将平台超 6 000 万记忆库和千万术语库集成到桌面版 CAT 和在线辅助翻译系统中,可以便捷高效地为译员提供译文参考。现云翻译记忆 API 已接入 SDL Trados(2017/2015/2014/2010/2009)、Transmate、VisualTran 和 memoQ 等 CAT 软件。

---

① 参见 Tmxmall 官网 https://www.tmxmall.com/home/openapi.

（3）翻译记忆库私有云

Tmxmall 翻译记忆库私有云是指用户可以将多个翻译记忆库上传至云端,在云端可对翻译记忆库进行检索、分享、下载、删除等管理。有支持多人同时并发检索、大数据预翻译、兼容多款主流 CAT、团队协作翻译、实时共享 TM 等特点。可对中文、英语、日语、韩语、德语、法语、俄语、西班牙语、葡萄牙语、阿拉伯语共 10 种语言的记忆库进行管理。

六大功能:支持团队协作翻译、安全高效分享记忆库、助力大数据预翻译、支持中英双向检索、接入多种主流 CAT、用户自行管理记忆库。

（4）在线对齐工具

在线对齐省去了用户下载和安装对齐软件等一系列烦琐的过程,即可随时随地使用在线对齐服务。此功能提倡先段落对齐,再句对齐,这样能够很大程度上提高对齐精确率。

与其他对齐工具相比,在线对齐提供非常人性化的交互界面,方便快捷地调整对齐结果,极大程度上提高文档对齐效率和用户对齐体验。

此外,自主研发的智能对齐算法可以自动对齐原文和译文中"一对多,多对一,多对多"的句子,使得原本需要人工介入的连线调整工作完全被自动化程序替代,并支持去重、替换、术语提取等高级操作,从而大幅度降低人工干预的工作量,使得对齐真正变得高效简单。

用户使用在线对齐除了可以直接导出 tmx 文件,还可以一键将 tmx 导入到私有云记忆库,并能通过个人中心快速检索对齐后的语料库。在线对齐和私有云的结合,全面打通了语料生产和语料管理利用的两个环节。

在线对齐的功能如下:

①支持双文档对照和中英上下对照文档对齐;

②双文档对齐支持中文、英语、日语、韩语、德语、法语、俄语、西班牙语、葡萄牙语、阿拉伯语共 10 种语言,90 种语言对的对齐,单文档对齐支持中英双语对齐;

③支持快捷键功能,操作更便捷;

④支持 word,ppt,txt 等近 20 种文件格式导入对齐;

⑤支持 tmx,txt,xlsx 等多种语料库格式导出;

⑥能自动识别一对多、多对一、多对多句子对应,对齐准确率高。

（5）语料商城

Tmxmall 语料商城是全球首家语料交易平台,提供语料发布和管理、语料交易、账户管理、支付结算等功能,让语料快速持续增值。同时,语料商城与私有云全面打通,用户购买的语料可全部交由私有云管理,并且可直接在多款主流 CAT 中高效、快速地进行预翻译以及检索。

①高度的安全性。用户的语料存储在 Tmxmall 私有云中。Tmxmall 私有云采用了最新的数据安全保障技术,能够保证用户的数据不外泄。

②简单的操作性。Tmxmall 语料商城操作简单,用户仅需如使用淘宝一样,便可实现语料的销售和购买。

③销售方式多样化。Tmxmall 语料商城提供按月检索和下载两种方式。Tmxmall 研发的语料接入 CAT 软件的产品及技术,帮助用户实现了仅提供语料的检索服务。此外,用户也可以让购买方下载语料,从而获得更多的附加值。

④销售"零"看管。销售方仅需将语料存储在 Tmxmall 私有云,并在语料商城发布即

可,无须看管。语料销售后,销售款会定期划入销售方的支付宝账号中。

⑤收货"零"等待。语料购买方购买语料后,便可按照相应购买方式,在 Tmxmall 私有云中使用或下载语料,无须等待。Tmxmall 语料商城的"快递小哥"就是如此快。

(6)在线辅助翻译平台

为了降低诸多译员的软件操作难度,真正辅助译员翻译,Tmxmall 经过市场调研、需求分析、详细设计、严苛测试,现正式推出轻量级、操作简单、连有海量中英双语语料的"Tmxmall 在线辅助翻译平台"。

相较于其他同类翻译辅助产品,该平台具有如下特点:

①操作简单。该平台在精简上做到了极致,仅保留翻译所需的基本操作。分分钟让你读懂,数步间让你感受翻译技术的魅力。

②运行流畅。该平台采用了先进的缓存和实时检索技术,让"卡顿"不再叨扰你的译程。让译文如丝滑般流出你的指尖。

③依托海量语料大数据。该平台与 Tmxmall 公有云无缝对接,从此你无须再为"语料"心累。体量虽小的它,却有着 6 000 多万高质量中英双语语料,能够帮你预翻译,提供信息检索,全程辅助翻译。

④助你协同翻译。该平台与 Tmxmall 私有云无缝对接,可帮助用户基于 Tmxmall 私有云真正实现协同翻译。无论用户喜欢用 SDL Trados 还是 Tmxmall 在线辅助翻译平台,均能实现无缝协作翻译。

⑤机译助你进入"PE"时代。该平台接入有道机器翻译,可帮助用户轻松进行译后编辑,真正进入"PE"翻译模式。

(7)语料质量自动评估开放平台

面对海量语料数据,质量参差不齐,如何高效快速去除杂质语料? Tmxmall 语料质量自动评估技术来帮您:依托上亿句对精准语料、千万条专业术语、上百部专业词典,利用机器学习、机器翻译、句法规则等自然语言处理技术,自动评估过滤出错误的语料句对,大幅提升语料质量清洗效率。

①一键导入所需评估的 TMX 文件;

②机器自动评估过滤错误句对;

③下载评估结果,生成错误句对和正确句对两个文件。

语料质量自动评估技术将全面应用于 Tmxmall 在线对齐、私有云语料管理、语料商城、在线辅助翻译平台等系列产品,让智能技术带来更丰富的产品体验。

(8)对齐管理

翻译记忆库一向是进行计算机辅助翻译不可或缺的一部分。面对良莠不齐的庞大翻译记忆库,能够制作出最贴近自身日常翻译方向的语料库是提升翻译效率的关键。

现在,Tmxmall 对齐管理轻松帮用户完成这些恼人烦琐的步骤。该功能具有如下特点:操作简便、支持格式多样、管理方便、进度实时查看、支持项目经理后续编辑。

Tmxmall 对齐管理的推出为项目经理节省下通过邮件/U 盘等介质分配任务的时间,使得成员间对齐速度再次获得了提升,管理更加便利,有利于加快语料的生产效率。

3.公司业务介绍

(1)翻译记忆库共享与检索平台搭建

针对国内外高校 MTI 专业计算机辅助翻译实验室对翻译记忆库共享与检索平台的需

求,提供整套成熟的解决方案(已与北京语言大学、国防科学技术大学及安庆师范大学等高校合作),帮助 MTI 专业提升对翻译记忆库的管理及加强对计算机辅助翻译技术的研究和应用。

(2)文档对齐建库服务

通过自主研发的精确对齐算法(对齐准确率达 99% 以上),向用户提供语料对齐服务,可对 PDF,Word,Txt,Excel,html 等多种格式文档的语料进行对齐。

(3)语料分类、清洗等服务

利用自主研发的精确语料分类算法和国内外先进的语料处理技术,给用户提供专业的海量语料分类、清洗、去重等服务。

(4)云翻译记忆 API 接入服务

以翻译记忆库检索与交换平台为依托,向 CAT 软件、在线 CAT 平台、翻译众包网站、移动端词典 APP 提供高质量参考例句的 API 接口,帮助相关软件、平台及 APP 提升内容服务,拓展市场。

第4章 计算机辅助翻译教学与研究

4.1 计算机辅助翻译与计算机辅助翻译教学

4.1.1 计算机辅助翻译(CAT)

翻译是人们克服语言障碍达到交流的手段,有着悠久的历史,几乎同语言本身一样古老。最早的翻译机器出现在 1933 年,苏联人特罗扬斯基提出借助机器进行翻译的详细步骤,并设计出了由一条带和一块台板依靠机械原理进行翻译工作的样机。1946 年第一台计算机 ENIAC 问世后,英国工程师布斯(A. D. Booth)和美国洛克菲勒基金会副总裁、工程师韦弗(W. Weaver)在讨论电子计算机的应用范围时提出了利用计算机进行语言自动翻译的想法。1954 年美国乔治敦(Georgetown)大学在 IBM 公司的协同下成功研制了第一个机译系统,将 60 句大约 250 个词的俄文材料译成英文,这次试验的成功标志着机器翻译系统的真正诞生。1976 年加拿大蒙特利尔大学与加拿大联邦政府翻译局联合开发了 TAUM - METEO 翻译系统,用以提供天气预报服务,成为机器翻译发展史上的一个里程碑,标志着机器翻译走向实际应用。我国从 1956 年开始至今也一直在进行着机器翻译的研究,并取得了丰硕的成果。但 MT 系统的翻译准确率长期徘徊在 70% 左右,译文的可读性、系统对语言现象的覆盖面、系统的鲁棒性尤其是开放性都不尽如人意。社会迫切需要对真实文本进行大规模的处理,而 MT 系统同当今社会对大规模真实文本处理的期望相差甚远。在此情况下,研究者将目光投向了计算机辅助翻译(Computer Aided Translation,CAT)。

计算机辅助翻译(CAT)是在人的参与下计算机完成整个翻译过程的系统。它不同于以往的机器翻译软件,不依赖于人的计算机自动翻译,而是能够帮助翻译者优质、高效、轻松地完成翻译工作。在翻译过程中,存在着大量重复或相似的句子和片段。CAT 技术具有自动记忆和搜索机制,可以自动存储用户翻译的内容。当用户翻译某个句子时,系统自动搜索用户已经翻译过的句子,如果当前翻译的句子用户曾经翻译过,机器会自动给出以前的翻译结果;对于相似的句子,也会给出翻译参考和建议。采用 CAT 系统翻译的另外一大优势则是可以直接对原文档如 Word,Excel,PowerPoint,PDF,txt,rtf,html,xml,PageMaker,AutoCAD 等直接进行翻译,无须进行文档格式转换,不破坏原文格式,不必另行制图,极大地节省了翻译者的时间,减少了错误概率。它与纯人工翻译相比,质量相同或更好,翻译效率可提高一倍以上。目前的 CAT 软件有 100 多种,主要的有 Transit(STAR),Translation Manager(IBM),Optimizer(Eurolang),ForeignDesk,SDL TRADOS,TransPro,WorldLingo,雅信 CAT,华建翻译等,其中最为知名和广泛使用的是 TRADOS。

4.1.2 计算机辅助翻译教学

全球化进程的加速,世界各国交流的日益频繁,开放范围的进一步扩大等因素,让翻译的需求与日俱增,在这种客观需求的刺激与带动下翻译技术的发展成果喜人。计算机翻译技术作为一种计算机应用技能,其教学有自己的特点,很重要的一点就是较强的实践性。

CAT 教学在国外与香港地区的高等院校发展较为成熟。截至 2016 年,国内开设 MTI(翻译硕士)的高校为 209 所,其中大部分高等院校已认识到计算机辅助翻译的重要性,相继开设了 CAT 相关选修课程,进行计算机辅助翻译实践培养。2007 年北京大学率先开设了国内首个计算机辅助翻译硕士专业。北京航空航天大学还成立了"翻译科技实验室",有良好的教学设施基础。然而除了北大 MTI 硕士等少数高校外,大多数 MTI 的翻译教学中 CAT 课程仅作为一门选修课,课程设置单一,过于侧重软件使用而忽视翻译项目的实践应用,学生往往只能学到皮毛知识,无法真正掌握计算机辅助翻译的精髓。国内仅有少数院校,如北京外国语大学、中山大学、山东师范大学、华中科技大学等在本科翻译或英语专业开设了 CAT 课程,但是国内绝大多数本科的学生并未接触过 CAT。报考翻译硕士的学生大多本科为英语专业,因此,高校英语专业本科生开设计算机辅助翻译技术相关课程能为硕士阶段的学习打下良好的基础,提高 MTI 教学效果,培养高素质的翻译实践人才。

关于翻译专业课程设置体系中 CAT 技术课程长期缺位的问题,穆雷曾在《中国翻译教学研究》中指出,国内大学翻译专业尚无针对 CAT 技术的课程。幸好经过学术界以及业界十多年的呼吁和讨论,时至今日,情况有了很大改观。到目前为止,国内先后开设翻译专业本科、硕士课程的百多所高校中,已将 CAT 技术课程至少纳入到选修课程计划中。在 2007 年,北京大学甚至率先提出了翻译专业硕士加计算机辅助翻译硕士双学位的培养模式。然而,就具体的实践来说还是存在诸如教学理念、教学材料选取、学生活动设计等方面这样或那样的问题。眼下的讨论与研究尚处在初始阶段,大部分研究还是针对翻译技术的发展对翻译教学内容建议的反思,而将翻译技术作为教学内容的教学研究还不多。目前看到的较为完整的文献只有台湾史宗玲编写的《电脑辅助翻译》一书。由于目前翻译专业的学生知识结构大多偏人文,而 CAT 技术又偏理工,这一矛盾使得 CAT 技术教学仍然存在很多困难。

我国以前受到经济发展水平的限制,课堂难以做到人手一台电脑。随着经济的发展,现在各高校硬件建设已经达到了相当的高度,但多数大学的管理者仍未充分意识到计算机综合应用技能对于培养符合时代需求的人才的意义。遍观国内大学,很少能为学生提供免费的计算机应用条件,校园网也往往变成了学校的公文、信息发布网,而没有真正成为师生教学交流的平台。

另外,由于教学管理层认识不足,缺乏相应的人员储备,再加上计算机辅助翻译技术课程本身的特点,导致相关师资缺乏。相当比例的翻译教学研究人员对计算机辅助翻译认识不到位,长期以来存在懂计算机技术的人员不懂翻译,懂翻译的人员不懂软件应用的局面。有翻译实践和理论基本功同时又熟悉计算机翻译软件操作的教师少之又少。

4.2　计算机辅助翻译教学的必要性（优越性）与局限性

4.2.1　计算机辅助翻译的优势

实施计算机辅助翻译教学的必要性源于计算机辅助翻译的优越性。计算机辅助翻译使得分隔性的翻译活动更为快捷和高效。计算机辅助翻译的优势主要表现在以下几个方面：

（1）具有帮助译员把译出语文本中的项目和句型结构与译入语文本中的项目和句型结构匹配等同的能力。计算机可以超越两种语言系统中的一些人为能力，帮助使用者掌握信息交流中的网络结构，帮助使用者了解源语与译语之间的多样化形式以及中间化形式。

（2）具有帮助译员把专业知识应用到超越语法结构的层面，以及组成语篇的能力。这种支持使译员能够结合所有可以利用的系统知识，创造出接近译入语的篇章文本。

（3）具有帮助译员把翻译过程中所涉及的知识进行概念化的能力，并且给译员提供百科全书式的知识。随着多媒体数据库的大量涌现，各类知识不再局限于以语篇的形式出现，而是以声音和动态化的图像的形式出现。目前不少的 CD－ROM 和开发的翻译软件，包括辞典和词库，信息量大，使用便利，在专业翻译领域有着特殊的应用价值。

（4）具有翻译教学辅导的能力。教师可以把机助翻译列入译员的培训计划和培训课程之中，例如建立起"智力辅导系统"，帮助译员积累翻译的经验，给译员提供指导。

计算机辅助翻译教学个人化程度高，教师不再仅仅是接收和评阅译文结果的评判者，更是能够观察译员整个翻译过程的观察者。译员与教师可以随时讨论翻译中出现的问题，教师也可以单独为学员提供建议和特定的方法指导。通过设计软件中的诸如英文释义、同反义词比较等显示内容，可以帮助译员获得翻译数据，积累翻译经验。

4.2.2　计算机辅助翻译的局限性

在设计实现自动翻译目标的过程中，计算机还受到一些因素的限制，计算机辅助翻译的局限性有以下几个方面：

（1）句法的复杂性。由于英语句法结构的复杂性，机器进行自动翻译处理的难度也相应很大。

（2）专业上的限制。一个机译系统只能照顾一般的语法、词汇和语义的处理。在翻译某一个专业的文本时，语法的使用往往和通用的情况会有所不同。

（3）翻译是一种复杂的心理语言活动，包含着译者所要具备的认知能力，对原文进行语义解释的能力和创造性地把译出文转换成为译入文的能力。机器翻译在语言学方面要解决的问题是能够减少词汇和语法间的差异。

4.3　计算机辅助翻译研究及应用现状

CAT技术在翻译教学中的应用研究仍明显滞后,相关成果屈指可数,研究范围主要集中于研究生层次的计算机辅助翻译教学。有关CAT技术在本科翻译教学中的具体应用,学界鲜有探讨。由于存在诸如翻译师资欠缺、软件硬件设备不足等问题,即便MTI专业,CAT技术也尚未在翻译教学中得到普及。

目前国内CAT教学的主要形式是开设计算机辅助翻译课程,而未在传统的翻译课程中加入CAT技术模块。就计算机辅助翻译课程而言,开设这门课程的高校主要集中于MTI专业。究其原因,一是建立计算机辅助翻译实验室耗资巨大,一般高校缺乏开设计算机辅助翻译课程的硬件设备;二是计算机辅助翻译课程涉及的软件应用及行业知识较为复杂,一般高校缺乏能够开设计算机辅助翻译课程的师资力量。要使CAT技术真正进入本科翻译教学,有必要转变思路,另辟蹊径,降低开展CAT教学的硬件和技术门槛。既不依赖计算机辅助翻译实验室这一硬件条件,也不一定非要开设专门的计算机辅助翻译课程,而是在本科翻译教学中加入CAT技术模块,使之与翻译教学相结合。这需要思考和解决3个问题:

第一,目前国内高校计算机辅助翻译课程中使用的CAT软件,如SDL Trados和雅信等,价格昂贵,影响了其在一般高校的推广使用,有无免费、易用、高效的翻译软件可作为替代品?

第二,限于师资欠缺、翻译课程学时设置不合理等原因而不能开设计算机辅助翻译课程,如何在传统的英汉、汉英翻译课程课时及大纲要求允许的情况下加入CAT技术模块?

第三,如何将CAT这一翻译技术应用于翻译教学的各个环节和步骤中,使翻译技术、翻译理论和翻译教学成为密不可分的整体,提高教学效率和教学效果?

在相当长的一段时间内计算机翻译完全代替人工翻译还有很长的路要走,目前机器能理解和组织的句子都很简单,句法还远远没有达到完善,人工智能系统还在完善之中。翻译的过程相当复杂,计算机必须把英语句法识别程序和现场翻译程序结合起来,然后通过语言合成器翻译。机器要输入成千上万,甚至数亿计的根词、名字、描述概念和一种做出推理判断的方法。从机器翻译的发展前景来看主要是在人助机器翻译的领域,目前的人助机器翻译的改进需要在两个主要的程序上下功夫,即计算机翻译过程中的自动替代和重新构建方面,这样才可以把翻译后期人为的编辑或者前期的编辑过程减到最低限度。

第5章 语 料 库

5.1 语料库概述

5.1.1 语料库的概念

语料库(corpus)通常指为语言研究收集的,用电子形式保存的语言材料,由自然出现的书面语或口语的样本汇集而成,用来代表特定的语言或语言变体。经过科学选材和标注、具有适当规模的语料库能够反映和记录语言的实际使用情况。借助计算机分析工具,研究者可开展相关的语言理论及应用研究。人们通过语料库观察和把握语言事实,分析和研究语言系统的规律。语料库是语料库语言学研究的基础资源,也是经验主义语言研究方法的主要资源。应用于词典编纂、语言教学、传统语言研究、自然语言处理中基于统计或实例的研究等方面。语料库已经成为语言学理论研究、应用研究和语言工程不可缺少的基础资源。

简单地说,所谓语料库就是一定规模的真实语言样本的集合。一般而言,现代意义上的语料库具有下面三个特性:

(1)收录语料库的语言材料应当取自实际使用的真实文本,对于其应用目标而言,所收录的语言材料应该具有代表性;

(2)语料库应是机器可读的,是运用计算机技术获取、编码、存储和组织的,并支持基于计算机技术的分析和处理;

(3)收入语料库的语言材料应当经过适当的标注和加工处理,例如经过词语切分或者词类标注处理。

5.1.2 语料库的发展

现代意义上的语料库诞生于20世纪60年代,标志性的工作是美国布朗语料库的建成和使用,这个语料库只有100万词的规模。虽然从今天的眼光看来,是一个很小的语料库,但却是世界上第一个机器可读的语料库。经过几十年的发展,语料库及语料库方法在国内外均有长足的进步,不但语料库的规模越来越大,加工深度越来越深,而且语料库技术的应用也越来越深入。

由于语料库在语言研究、词典编纂以及自然语言处理等领域的重要作用,从20世纪60年代以来,语料库及其相关技术发展十分迅速。20世纪60至70年代,世界上为数不多的语料库主要是面向语言研究和辞书编纂的英语语料库,相关建设和研究工作也主要集中在英、美、挪威等少数国家的学术和出版机构,时至今日,大规模的诸多语种语料库已经屡见不鲜,许多国家都有学术机构以及相关企业在从事基于语料库的学术研究和技术开发,世界上在建的或已经完成的大规模语料库数量众多。限于技术和条件,20世纪60年代,百万词级的语料库已经是一个很大的语料库(如布朗语料库),而目前规模过亿的语料库也已不在少数(如英国国家语料库 BNC、COBUILD 语料库)。从标注的级别看,除了进行词类等基本的标注外,目前已经出现了句法结构、语义角色标注语料库,如国际英语语料库中的英式英语子语料库(ICEGB)、美国宾州大学树库(Penn Treebank)和命题库(Penn Propbank)。语料库的应用也呈现多样化,不仅仅是传统的语言研究和词典编纂,而且也渗透到属于信息科学的自然语言处理等诸多领域。语料库的应用改变了这些领域的研究方法,影响了这些领域的技术路线。

5.1.3 语料库的种类

语料库有多种类型,确定语料库类型的主要依据是它的研究目的和用途,这一点往往能够体现在语料采集的原则和方式上。有人曾经把语料库分成四种类型:

(1)异质的(Heterogeneous)   没有特定的语料收集原则,广泛收集并原样存储各种语料;

(2)同质的(Homogeneous)   只收集同一类内容的语料;

(3)系统的(Systematic)   根据预先确定的原则和比例收集语料,使语料具有平衡性和系统性,能够代表某一范围内的语言事实;

(4)专用的(Specialized)   只收集用于某一特定用途的语料。

除此之外,按照语料的语种,语料库也可以分成单语的(Monolingual)、双语的(Bilingual)和多语的(Multilingual)。

按照语料的采集单位,语料库又可以分为语篇的、语句的、短语的、双语和多语语料库。按照语料的组织形式,语料库还可以分为平行(对齐)语料库和比较语料库。前者的语料构成译文关系,多用于机器翻译、双语词典编撰等应用领域,后者将表述同样内容的不同语言文本收集到一起,多用于语言对比研究。

根据语料库的应用目标、设计原则和所涉语言的数量等原则,可以把林林总总的语料库分成不同的类别。

1. 根据语种的数量划分

根据收录的语种的数量,语料库可分为单语语料库和多语语料库。目前大多数语料库是单语语料库。多语语料库可以分成多语平行语料库和多语对比语料库,其中平行语料库收录的不同语种的语料需要具有翻译对应关系,因此也称作翻译语料库。

2. 根据用途划分

根据用途,语料库一般也可以分成通用语料库和专用语料库。通用语料库主要用来支持关于某种语言的一般性的词法、句法和语义现象的描写和解释。这类语料库组成和结构一般都具有相对的平衡性,即具有对目标语种的代表性,其收录的语料通常涵盖各种不同的语体、语域,像布朗语料库、英国国家语料库(BNC)都属于通用语料库。与此不同,专用语料库则根据各自的服务目标而采用不同的设计原则。典型的专用语料库包括面向词典编纂的语料库,如朗文出版社的朗文语料库网(Longman Corpus Network);用于外语教学研究的中介语语料库或学习者语料库,如比利时鲁汶天主教大学建立的国际英语学习者语料库(International Corpus of Learner English);用于研究儿童语言习得的语言习得语料库,如美国卡内基梅隆大学的 CHILDES 数据库等;用于支持统计机器翻译研究的多语或者平行语料库,如由 Philip Koehn 等构建的 Europarl 语料库,收录了 1996 年以来的欧洲议会文集,涉及 11 种语言之多,再如加拿大议会文集(Canadian Hansard)在统计机器翻译研究中也发挥了重要的作用。

3. 根据时代跨度划分

根据所收录语料的时代跨度,语料库又可区分为历时语料库和共时语料库。共时语料库收录某个特殊时段的书面语或者口语语料,如布朗语料库和 LOB 语料库收录的都是发表于 1961 年的英语文本。而历时语料库则收录发表时间分布在一个较长历史时段的语料,一般用来支持语言演化研究,如赫尔辛基英语语料库收录的语料跨越了从公元 700 年到公元 1700 年共 1000 年的时间。

4. 根据更新方式划分

根据更新方式,语料库又可区分为动态语料库和静态语料库。动态语料库又称监控语料库,其中的语料会随着时间定时更新。而静态语料库一般在建成之后不再进行更新。(Kennedy 1998:61)典型的动态语料库如 COBUILD 语料库,其规模一直稳步扩大,动态更新的目的是希望可以跟踪语言的发展演变,提取新词和发现新的用法。

5.1.4　语料库的应用与研究

语料库与语言信息处理有着某种天然的联系。当人们还不了解语料库方法的时候,在自然语言理解和生成、机器翻译等研究中,分析语言的主要方法是基于规则的(Rule - based)。对于用规则无法表达或不能涵盖的语言事实,计算机就很难处理。语料库出现以后,人们利用它对大规模的自然语言进行调查和统计,建立统计语言模型,研究和应用基于统计的(Statistical - based)语言处理技术,在信息检索、文本分类、文本过滤、信息抽取等应用方向取得了进展。另一方面,语言信息处理技术的发展也为语料库的建设提供了支持。从字符编码、文本输入和整理,语料的自动分词和标注,到语料的统计和检索,自然语言信息处理的研究都为语料的加工提供了关键性的技术。

1. 基于语料库的翻译研究

语料库用于翻译研究最早可追溯到 20 世纪 80 年代(Laviosa,2002:21),但学界一般把 Mona Baker(1993)的论文"语料库语言学和翻译研究:启示与应用"作为语料库翻译研究范式诞生的标志。Tymoczko(1998:652)预言,基于语料库的翻译研究将成为翻译研究的重中之重。从 20 世纪 90 年代中期开始,Laviosa(1998)、Baker(2000)等学者借助语料库研究翻译共性、译者风格等诸多翻译课题。王克非(2006)是国内最早使用"语料库翻译学"这一术语的学者。"在研究方法上以语言学和翻译理论为指导,以概率和统计为手段,以双语真实语料为对象,对翻译进行历时或共时的研究。"(王克非、黄立波,2007:101)语料库翻译学是描述翻译学与语料库语言学相互融合的产物,代表了翻译学与语言学的一个最新发展方向。

2. 语料库翻译学

语料库翻译学是指以真实双语语料或翻译语料的语料库分析为基础,定量分析和定性研究相结合,力图阐明翻译本质、翻译过程属性及规律的翻译学研究领域。Kruger(2002)指出语料库翻译学旨在通过理论构建和假设、各种数据、全新的描写范畴和灵活方法的并用,揭示翻译的普遍性特征和具体特征。语料库翻译学既可应用于演绎性和归纳性研究,也可应用于产品导向和过程导向的研究。

语料库翻译学的主要研究领域涵盖翻译语言特征、译者风格、翻译规范、翻译过程和翻译教学等领域。

翻译语言特征研究涉及翻译共性研究和具体语言对翻译特征的研究。翻译共性是指翻译文本所具有的相对于源语言或目标原创语言从整体上表现出来的普遍规律性特征。这些特征是翻译文本所特有的,且不受具体语言对差异的影响。具体语言对翻译特征是指具体翻译文本在词汇、句法和语篇层面所呈现的特征,它体现了源语和目的语的差异,反映了译者所做的选择和妥协。译者风格研究探讨翻译过程中译者在目的语词汇和句式结构选择、语篇布局、翻译策略和方法应用等方面所表现出来的个性化特征。一般而言,译者风格受制于源语和目的语语言文化之间的差异、译者所处的历史语境和社会文化规范、译者的语言风格及其对翻译文本读者的关注。

翻译规范研究分析在某一历史时期影响译者行为的不同翻译规范或制约因素,揭示翻译与社会文化语境之间的关系。翻译规范是指关于翻译作品和翻译过程正确性的规范,体现了具体某一社会或历史时期关于翻译的价值观和行为原则,制约着译者的具体翻译活动。翻译过程研究以大量语料的数据统计与分析为基础,分析翻译过程的认知属性与具体特征。翻译教学研究侧重于探讨语料库在翻译质量评估、翻译教材开发和翻译教学模式构建中的应用原则和具体方法。

3. 语料库与计算机辅助翻译

计算机辅助翻译是人机结合的翻译模式,结合了计算机快捷性与人工准确性两个方面的优点,因此翻译质量很高。虽然翻译速度慢于 MT,但是快于纯人工。它使繁重的手工翻译流程自动化,并大幅度提高了翻译效率和翻译质量。

"由于所有的 CAT 软件都是基于翻译记忆技术架构的,因此翻译记忆库是 CAT 软件的核心模块。"(朱玉彬,2013)当译员翻译时,CAT 在后台自动存储翻译内容,建立起双语对照的翻译记忆库。"当代语料库(Corpus)是一个由大量在真实情况下使用的语言信息集成的,可供计算机检索的,专门作研究使用的巨型资料库。"(雷沛华,2009)将翻译记忆库收集保存起来就是翻译语料库。翻译语料库越大,翻译效率越高,因此,语料库大小决定 CAT 的翻译效率。

在译者将一篇源语文本翻译成目标语文本的过程中,翻译记忆系统通过人工智能搜索及对比技术,根据用户设定的匹配值(CAT 系统默认设置一般为 70%)自动搜索翻译记忆库中的句子,若搜索到的句子与翻译内容 100% 一致,则达到完全匹配(perfect match),译者可以根据语境决定直接采用或修改后再采用;若搜索结果不完全一致,则构成模糊匹配(fuzzy match),译者需要确定是否接受或修改后再采用该翻译元素,这种匹配功能可以使译者最大限度利用已有的翻译语料,减少重复的翻译工作。

CAT 系统还可以搜索记忆库中的短语、语言片段或术语,给出翻译参考和建议。当相似或相近的短语、语言片段或术语出现时,CAT 系统会向译员提示语料库中最接近的参考译法。译员可以根据需要采用、舍弃、编辑或修改语料,以获得最佳译文。

CAT 的另一个好处是术语定义和管理。若纯人工翻译长篇文件,则人的记忆力很难可靠地保证术语使用的前后一致性,特别是多人合作翻译同一大型文件时,术语使用的一致性更难保证;此时,CAT 的术语定义功能和协同翻译功能可以很好地帮助译员解决术语一致性问题。

此外,译者使用 CAT 软件翻译时,可以将自己正在翻译的文本保存为翻译记忆库,保存时需要预先设定记忆库格式。如 SDL Trados 的句库格式(即翻译记忆库文件后缀名)是 sdltm,而 SCAT 的句库格式是 STM。

CAT 要发挥功效,关键是建设大型语料库。建设翻译语料库有三种方法。第一种方法是将自己翻译好的双语对齐文本存入翻译记忆库,这是一个缓慢且艰苦的过程,在短期内(一两年)效果有限。第二种方法是将收集到的双语材料进行双语对齐,再存入翻译记忆库,需要双语对齐工具,如 SDL Trados 采用 WinAlign 模块、雪人采用"新建一个双语对齐模块";这个方法建设翻译语料库的速度快于第一种方法。第三种方法是与其他 CAT 用户或语料库建设者交换翻译语料库,此种方式建库速度最快,但存在"切分、去重、降噪"三大技术难题(解决方案参见《翻译语料库建设中一些问题的软件处理法》)。实践时,具有相同记忆库格式的软件之间可以方便地交换,不同软件之间需要先将句库转换成 TMX 格式、术语库转换成 EXCEL 或 TXT 格式,对方接收后先导入自己的软件,再导出转换为软件专用格式,不同软件之间就实现了语料库的交换。

5.1.5　语料库建设的意义

多年来,语料库的快速发展至少对传统语言研究和语言计算处理两个领域产生了革命性的影响。

1. 语料库与语言研究

在语言学领域,语料库方法为语言学研究带来了实证和量化两个新的标志性特点,在语料库的支持下,关于语言的本质、构成和功能的任何描写和理论提升都是在语言真实用例和量化数据的基础上做出的,而不是仅仅依靠语言学家的语言直觉。计算机技术的引入也使得语言学研究的工具实现了现代化,语言学家不仅可以凭借各种语料库构建软件快速构造和标注满足他们研究所需要的语料库,也可以使用基于计算机的语料库分析软件来帮助他们分析语料,检索和提取他们所需要的语言用例和数据。语料库对语言研究影响如此之大,以至于基于语料库的语言学研究方法被专门称作语料库语言学,形成了一个新兴的语言学学科。1996 年,国际上还创办了国际语料库语言学期刊,专门发表和刊载语料库语言学的研究成果。

除理论研究之外,语料库技术与应用语言学的结合也产生了大量的实用成果,最为突出的是产生了一批基于语料库的词典、语法书和教材资料。在词典编纂方面,目前国际上知名的词典出版社在编写词典时大都会采用语料库技术,这些出版社不仅与相关的科研机构合作构建语料库,而且也推出了一大批基于语料库的优秀词典,如基于 COBUILD 语料库编写的 *Collins Cobuild English Language Dictionary*,如今已连续出版多个版本,广受好评;在语法书编写方面,R. Quirk 等基于 SEU 语料库编写的 *A Comprehensive Grammar of the English Language*(Quirk et al,1985)已是英语语法方面的经典著作。

2. 语料库和计算语言学

在语料库方法引入以前,自然语言处理方法基本上是基于规则的方法,为了研制各种自然语言处理系统,研究人员通行的做法是根据所处理的任务,撰写各种规则,然后计算机依据这些规则对自然语言进行分析处理,产生预期的分析结果,在 20 世纪 90 年代以前,这种规则方法一直是计算语言学的主流方法。基于规则的方法通常需要研究人员穷尽与任务相关的各种规则,这通常很难做到。一方面研究人员在撰写规则时很难照顾到所有可能出现的语言现象,另一方面正如著名语言学家 Edward Sapir 所指出的那样,"所有的语法都有遗漏之处(All grammar leak)"(Sapir,1992),所撰写的规则难保没有例外之处。因此基于规则的系统在处理真实文本时,往往力不从心,导致这些系统只能在受限领域内或者受控语言环境中使用。20世纪90年代以后,语料库方法逐步进入计算语言学领域,逐步解决了一些基于规则的方法难以处理的问题。利用语料库解决自然语言处理问题在思路上发生了改变,一般首先是建立语言处理的统计模型或者机器学习模型,然后交由机器从语料库中学习语言模型的参数,填充了模型参数的统计模型或者机器学习模型再被用来处理具体任务中的文本。在自然语言处理的语料库方法中,通常不需要人工建立语言学规则,而是默认所有的语言规律都隐藏在语言的真实用例即语料库中,这些语言知识以统计参数或者机器学习参数的形式由计算机从语料库中自行习得,无须人工总结,这就节省了开发时间,表现出了一些规则方法所没有的优势。由于语料库反映了语言的真实使用情况,在语料库基础上构建的语言处理系统通常能比较准确地处理真实文本,使得自然语言处理系统逐步走向实用。语料库及其标注体系通常也为相关自然语言处理方法提供了评价标准,研究人员可以利用语料库提供的标准标注作为检验研究思路和方法的基础。

在语料库方法刚刚被引入计算语言学领域时,语料库方法通常被用来解决词类标注等相对较为简单的任务。随着深层标注语料库的不断出现,语料库方法在句法分析、语义分析、机器翻译等各个领域中都有较为出色的表现,对于许多自然语言处理任务而言,语料库方法都达到甚至超过了规则方法的处理水平。机器翻译系统是涉及众多自然语言处理技术的综合系统,需要处理不止一种语言,是计算语言学领域中最复杂和最具挑战性的问题,目前统计机器翻译研究正进行得如火如荼,该方法所依赖的唯一知识来源就是双语平行语料库,在美国NIST近年来组织的机器翻译评测中,统计机器翻译方法的表现十分突出。著名的统计机器翻译学者Franz Och甚至说:"只要给我足够的平行语言资料(平行语料库),对于任何的两种语言,我可以在几小时之内为你开发一个机器翻译系统(Give me enough parallel data, and you can have a translation system for any two languages in a matter of hours)。"(Mankin,2003),语料库方法在计算语言学研究中的价值由此可见一斑。

语料库方法引入计算语言学领域后,产生了一批自动语言标注工具,例如词语切分工具、词类标注工具、句法分析工具、语义角色标注工具,这些工具又可以反过来用于语料库的建设和标注。面对真实文本,尽管这些工具不能做到完全准确,但在语料库加工过程中却非常实用,在这些工具出现前,许多语料库的标注工作需要以人工方式完成,而在这些工具出现后,则可以采用机器自动处理和人工校对相结合的方式完成,极大地加快了语料库标注速度。从这个意义上讲,计算语言学技术又成了语料库建设和加工的技术基础,二者相互促进,形成良性互动的格局。

5.1.6　语料库方法的局限性

语料库方法也不是没有缺陷的,无论是用于语言研究还是自然语言处理,都不同程度地遭遇过批评。语料库方法一个久遭诟病的问题在于数据稀疏或者说语料库的代表性不足,有限规模的语料库能否充分代表无限的语言使用一直是有疑问的,如乔姆斯基认为,语料库中一般不会包含不礼貌的表达,也不会包含一些语义不正确的句子。在计算语言学领域中,语料库代表性不够也导致构建出来的系统过度依赖于所使用的语料库,出现所谓的过度拟合问题,这样的系统在处理和语料库中风格类似的文本时,通常表现较好,而在处理与语料库中文本差异较大的文本时,效果就会大打折扣,系统在推广能力方面有局限性。

5.1.7　语料库标注的作用

考察目前语料库的标注情况可以发现,几十年来语料库标注的深度有加深趋势。对于语料库的标注问题,一些语言学家有不同认识,著名的语料库语言学家 John Sinclair 生前一直反对语料库进行标注,理由是对语料库的标注会丧失语料库的客观性,因为标注后的语料库带有标注者对语言现象的主观认识。不过目前世界知名的一些语料库基本都经过一定的标注处理,大多数都进行了词类的标注。从服务于计算语言学的角度看,标注更是必不可少的,对语料库进行不同层次的加工标注实际上是使得隐藏在语料中的语言知识显性化,例如中文文本经过词语切分后,词语的知识便显性化了,经过词类标注的语料库,词性知识也显性化了。经过显性化的语言知识,机器更容易学到。利用原始语料获取模型参数的机器学习称之为无指导的机器学习,而利用经过加工的带标记的语料库获取参数的机器学习称之为有指导的机器学习。现在效果较好的统计学习方法基本都是有指导的,只能从带有标注的数据中学习到有意义的模型参数。不过语料库标注确实是一项代价昂贵的工作,耗时耗力也耗费资金。

5.1.8　语料库建设中涉及的主要问题

语料库建设中涉及的主要问题包括:

1. 设计和规划

主要考虑语料库的用途、类型、规模、实现手段、质量保证、可扩展性等。

2. 语料的采集

主要考虑语料获取、数据格式、字符编码、语料分类、文本描述,以及各类语料的比例以保持平衡性等。

3. 语料的加工

包括标注项目(词语单位、词性、句法、语义、语体、篇章结构等)标记集、标注规范和加工方式。

4. 语料管理系统的建设

包括数据维护(语料录入、校对、存储、修改、删除及语料描述信息项目管理)、语料自动加工(分词、标注、文本分割、合并、标记处理等)、用户功能(查询、检索、统计、打印等)。

5. 语料库的应用

针对语言学理论和应用领域中的各种问题,研究和开发处理语料的算法和软件工具。

5.1.9　双语语料库构建

1. 平行语料库

平行语料库是由源语言文本和它所对应的目标语言翻译文本构成的文本对集合,两种语言对应的文本对之间语言形式虽有不同,但表达的内容是一致的,二者之间存在着互译关系。平行语料库内部蕴含着两种语言单词、短语、句子、段落、篇章等不同级别的对应关系,为跨语言信息处理技术提供了研究基础,很早就引起了学者们的重视。近几十年来,不同语言、不同内容、不同规模的平行语料库在国内外纷纷建立。

加拿大议会会议记录(Canadian Hansards)是最早建立的平行语料库,这是一个由英语和法语构成的语料库。它收录了千万词汇级的官方议会辩论文件,是早期学者们进行研究的重要资源。其他主要平行语料库还有欧盟议会会议记录平行语料库、马里兰大学 Bible（圣经）平行语料库、奥斯陆大学的英语挪威语平行语料库等。国内的平行语料库建设在起步后发展迅速。目前，北京大学、清华大学、哈尔滨工业大学、东北大学、北京外国语大学，以及中科院计算所、自动化所、软件所等科研机构相继建立了一定规模的英汉双语平行语料库，北京大学、哈尔滨工业大学还建立了汉日平行语料库，同时，内蒙古大学、新疆师范大学、西藏大学等高校建立了民(民族语言)汉双语平行语料库。在平行语料库建设早期，语料的搜集和处理主要靠人工参与进行挑选和整理，来源也主要是国际国内大型会议的会议记录、宗教著作、文学艺术作品以及产品说明书等。这种获取方法大大限制了平行语料库的建设效率，制约了平行语料库在规模、领域上的扩展，更是难以满足时效性的要求。随着网络的发展，越来越多的网站为满足业务需求，开始提供两种以上语言版本，越来越多的网上信息正在以多语言的形式进行发布，使得不同网站、同一网站不同网页、同一网页内部充斥了大量的双语资源，为基于 Web 挖掘的双语资源获取提供了坚实的数据基础。

平行语料库的构建方法：

(1)基于网页结构特征的构建方法

多语网站内部多个平行网页 url 地址之间往往具有很强的命名相关性，这一特点很快为学者利用来构建平行语料库，形成了多个著名系统，普遍取得了很好的效果。

(2)基于文本内容特征的构建方法

有些网站双语平行资源在同一网页上，这种情况常常出现在双语学习类网站中。针对这种双语混合网页，蒋龙等提出一种基于模板的方法，利用翻译和音译模型寻找网页中的互翻译词对，将其作为种子，学习泛化的模板，最后利用学习到的模板抽取网页中潜在的双语平行语料。林政等尝试使用下载策略发现双语混合网页，根据互译信息进行确认，再结合长度、词典、数字和标点符号、缩略语等特征抽取平行句对。总体来说，双语混合网页数量不是那么丰富，也很难做到领域平衡，时效性差，相应研究较少。

上面两种方法讨论了针对同一网页和同一网站不同网页双语平行资源的获取。实际上，互联网上还存在着大量的更一般的跨站点双语平行资源。比如国外网站用英语发布了一条最新时事新闻，很快有人将其翻译成汉语发布在国内网站上。研究人员正在尝试利用跨语言信息检索技术来获取这种更难以甄别的平行语料，因为这种技术在可比语料库构建中应用更为广泛。

2. 可比语料库

平行语料库因其语料间存在着良好的对应知识，成为机器翻译、跨语言信息检索等研究的重要基础。然而，平行语料库却面临着获取途径有限、资源匮乏、领域不平衡的问题。目前，平行语料库语料来源不足严重制约了平行语料库在规模和领域的快速扩展，更是难以满足时效性的要求。对于包括大多数少数民族语言在内的弱势语言而言，情况更是艰难。

这种情况下，可比语料库研究渐渐引起了人们的重视。可比语料库是语言不同、内容相似但非互译的文本对集合，可比语料蕴含了三层含义：两种语言文本必须是独立产生于各自真实语言环境；两种语言文本在内容上具有一定的相似性，结构和构建标准具有一致性；但是二者之间不具备严格的互译关系。非严格互译是可比语料不同于平行语料的主要特征。

根据两种语言文本的相似程度，可比语料可划分为如下五个等级：①Same Story，同一事件且相同描述;②Related Story,同一事件但描述不同;③Shared Aspect,描述相关事件;④Common Terminology,含有相同的术语;⑤Unrelated,基本不相关。

可比语料仅需两种语言文本在内容上具有相似性,降低了双语文本对匹配和对齐的要求,导致可比语料提取双语知识难度增大,不易直接应用于统计机器翻译等相关研究。但在当前双语平行资源严重不足的情况下,可比语料相对平行语料具有来源广泛、领域全面、内容丰富和易于获取的优势。因此,近年来可比语料库的研究与建设逐步兴起。构建可比语料库的主要问题是通过特征匹配、跨语言信息检索等方式建立两种语言文本之间相似关系的映射。

(1)基于内容特征的构建方法

内容相似的可比语料会在标题、文本长度、发布日期以及其他描述性字段等方面呈现出一些特征,在可比语料库建设初期,Sheridan 等利用这些特征进行了早期的可比语料库构建。可比语料匹配速度快但质量低。

(2)基于跨语言信息检索的构建方法

跨语言信息检索是给出一种语言的查询条件,得到另一种语言检索结果的过程,它能够迅速建立源语言与目标语言文档之间的映射关系,被广泛应用于可比语料挖掘。其中提问式翻译策略应用最为广泛,它的基本流程是:源语言文本经信息抽取生成源语言提问式,再经过某种翻译方法变成目标语言提问式,然后在目标语言中进行单语言检索,获取候选目标语言文本集,最后经过滤获取可比语料。基于跨语言信息检索构建可比语料库极大地提高了大规模可比语料采集的速度,其中关键问题在于查询词的选择,这直接决定了源语言文档和目标语言文档的关联程度。

(3)基于特定网页资源的构建方法

互联网上某些网站具有大量的多语种资源,可以为研究者获取可比预料提供便利,最为典型的就是维基百科。维基百科是一种自由、免费、开放的多语言百科全书,更为关键的是,维基百科在每个页面中显式给出了其他语言的链接,为建立不同语言间的映射关系提供了巨大的便利,成为可比语料构建重要的新型来源,受到越来越多研究者的关注。

5.2　中国语料库的建设发展

我国语料库的建设始于 20 世纪 80 年代,当时的主要目标是汉语词汇统计研究。进入 90 年代以后,语料库方法在自然语言信息处理领域得到了广泛的应用,建立了各种类型的语料库,研究的内容涉及语料库建设中的各个问题。90 年代末到 21 世纪初这几年是语料库开发和应用的进一步发展时期,除了语言信息处理和言语工程领域以外,语料库方法在语言教学、词典编纂、现代汉语和汉语史研究等方面也得到了越来越多的应用。投入建设或开始使用的语料库有数十个之多,不同的应用目的使这些语料库的类型各不相同,对语料的加工方法也各不相同。下面是其中已开始使用并且具有一定代表性的语料库。

5.2.1　《中国语言生活状况报告》

我国从 20 世纪 90 年代初开始研制汉语语料库,硕果累累。当前规模最大、影响最广的是国家语言资源监测与研究中心所做的工作。在国家语言文字工作委员会倡导的“珍爱中华语言资源 构建和谐语言生活”方针的指引下,国家语言资源监测与研究中心积极实践,每年编制《中国语言生活绿皮书》之《中国语言生活状况报告》。为了完成这项系列性的任务,分布于多所大学的研究人员在后台做了大量的艰苦的数据收集与处理工作,每年都形成 10 亿量级的汉语语料库。10 亿量级的汉字数据堪称海量信息。海量语言信息处理是当前计算语言学与自然语言处理技术的研究热点之一,《中国语言生活状况报告》的发布及其支撑研究为海量语言信息处理研究揭开了精彩的一章。

5.2.2 国家语委现代汉语语料库

国家语委现代汉语语料库(教育部语言文字应用研究所计算语言学研究室,2009)也是国家语言文字工作委员会从 1990 年起便开始组织建设的,现在语料规模也上亿字,语料选取的时间跨度较大,自 1919 年至 2002 年,题材与体裁的分布广泛,被认为是一个平衡语料库,一部分语料还完成了不同程度的加工处理,对其中 5 000 万字完成了词语切分和词性标注,对 100 万字(5 万句)完成了句法树结构标注。

5.2.3 现代汉语通用语料库

现代汉语通用语料库是一个由国家语言文字工作委员会主持建立、面向全社会应用需求的大型通用语料库,从 20 世纪 90 年代初开始建设,计划规模 7 000 万字,主要应用目标是语言文字信息处理、语言文字规范和标准的制定、语言文字的学术研究、语文教育,以及语言文字的社会应用。

这个语料库收录的语料以书面语为主,以书面语转述的口语为辅。语料来源是 1919 年至今,主要是 1977 年至今出版的教材、报纸、综合性刊物、专业刊物和图书。在设计原则上,讲求通用性、描述性、实用性和抽样的科学性。在语料分类方面,以"门类为主,语体为辅"为原则制订三个大类:

第一类:人文与社会科学类(包括:政法、历史、社会、经济、艺术、文学、军体、生活 8 个次类,30 个细类);

第二类:自然科学类(包括:数理、生化、天文地理、海洋气象、农林、医药卫生 6 个次类);

第三类:综合类(包括:行政公文、章程法规、司法文书、商业文告、礼仪辞令、实用文书 6 个次类,30 多个细类)。

在不同类别、不同来源、不同时期的语言材料中,按照不等密度的思路确定合适的语料选取比例,从共时和历时两个角度保证入选语料的平衡性,是这个语料库的特点。

这个语料库在选材过程中收集和记录语料的有关描述信息,为每个语料样本设立了 20 个描述项目:总号、分类号、样本名称、类别、作者、写作时间、书刊名称、编著者、出版者、出版日期、期号(版面号)、版次(初版日期)、印册数、总页数、开本、选样方式、样本起止页数、样本字数、样本总数、繁简字。用户可以利用这些语料描述标记根据各自的需要进行各种方式的检索。语料库的建库工作分为两步,第一步先建立核心语料库(由 7 000 万字的语料中筛选出 2 000 万字语料组成)。到 20 世纪 90 年代末,完成了 2 000 万字生语料的收录工作。从 2001 年开始,对 2 000 万字核心语料进行分词和词性标注加工。

5.2.4 《人民日报》标注语料库

《人民日报》标注语料库由北京大学计算语言学研究所和日本富士通公司合作,从 1999

年开始,到 2002 年完成,原始语料取自 1998 年全年的《人民日报》,共约 2 700 万字,到 2003 年又扩充到 3 500 万字,是我国第一个大型的现代汉语标注语料库。这个语料库加工的项目有词语切分和词性标注,还有专有名词(人名、地名、团体机构名称等)标注、语素子类标注、动词、形容词的特殊用法标注和短语型标注。下面是一段语料标注的示例,选自 1998 年 1 月 1 日第 5 版第 1 篇文章的第 11 段:

我国的国有企业改革见成效。位于河南的中国一拖集团有限责任公司面向市场,积极调整产品结构,加快技术改造和新产品研制步伐。图为东方红牌履带拖拉机生产线。(赵鹏摄)

标注后的形式是:

19980101 – 05 – 001 – 011/m 我国/n 的/u 国有/vn 企业/n 改革/v 见/v 成效/n。/w 位于/v 河南/ns 的/u[中国/ns 一拖/j 集团/n 有限/a 责任/n 公司/n]nt 面向/v 市场/n,/w 积极/ad 调整/v 产品/n 结构/n,/w 加快/v 技术/n 改造/vn 和/c 新/a 产品/n 研制/vn 步伐/n。/w 图/n 为/v 东方红牌/nz 履带/n 拖拉机/n 生产线/n。/w(/w 赵/nr 鹏/nr 摄/Vg)/w

在每一个切分出来的词和标点符号后面,是该词语的标记。譬如词性标记(n,v,a,u,m,w 等),专有名词标记(nr,ns,nz 等),语素子类标记(Vg 等),动词和形容词特殊用法标记(vn,ad)。所有的标记都是以北京大学的《现代汉语语法信息词典》为基础词库,在一个加工规范的指导下标注的。

利用《人民日报》标注语料库,人们可以从各个角度考察和分析语言事实,统计各种语言单位出现的频率,譬如,词语或词类的分布、搭配和共现,专有名词的结构方式、兼类词在句子中的表现,语素字的使用情况,等等。也可以从语料里提取各种语言单位或语句片段作为研究实例。与仅仅以汉字串的形式表示的"生语料"相比,经过标注的"熟语料"显然含有更多的语言学特征信息,对汉语词汇研究、语法研究和汉语信息处理系统来说是更好的语言知识资源。

《人民日报》标注语料库中一半的语料(1998 年上半年)共 1 300 万字已经通过《人民日报》新闻信息中心公开提供许可使用权。其中一个月的语料(1998 年 1 月)近 200 万字在互联网上公布,供自由下载。

5.2.5　用于语言教学和研究的现代汉语语料库

建立现代汉语语料库的主要目的之一是对外汉语教学和现代汉语研究,可以分为书面语语料库和以文本形式表示的口语语料库两类。前者如北京语言大学的汉语中介语语料库、现代汉语研究语料库,后者如中国社会科学院语言研究所的北京地区现场即席话语语料库。

1. 汉语中介语语料库

汉语中介语语料库的建设目标是为对外汉语教学、中介语研究、偏误分析和汉语本体研究提供资源,因此它的语料来源很有对外汉语教学的特点。作者先在北京和其他省市的 9 所高等院校里,从来自 96 个国家和地区的 1 635 位外国留学生那里收集了成篇成段的汉语作文或练习材料 5 774 篇,共 3 528 988 字。再从中抽取了 740 人的 1 731 篇语料,共有 44 218 句,1 041 274 字。全部语料都记录了学生姓名、性别、年龄、国别、是否华裔、第一语言、文化程度、所学主要教材、语料类别、写作时间、提供者等 23 项属性。然后对这 104 万字的语料进行词语切分、词性标注以及一些专用的语言学特征标注。例如,标出了字、词、句、篇等不同的层次,对语料的非规范形式(例如:错字、别字、繁体字、拼音字、非规范词等)做出索引标记,记录其对应的规范形式。这个语料库的管理系统有语篇属性登录、文本过滤、文字预处理信息登录、语料抽样、断句、分词、词性辅助标注、自动标注以及语料的主题检索、全文检索和数据浏览等各种功能,分别处理语料库的建立、管理和维护,以及用户浏览、查询和检索等。与人工收集的学生病句卡片资料相比,中介语语料库能够更好地反映学生学习汉语的情况,帮助教师更加全面地观察他们的学习过程,了解影响学习和习得的各种因素。在汉语作为第二语言的教学中,为教材编写、课堂教学、测试等环节提供依据。

2. 现代汉语研究语料库

现代汉语研究语料库的建设目标是为语言学家提供一个研究平台,由 2 000 万字的粗语料库和 200 万字经过分词和词性标注的精语料库两个部分组成。粗语料库收录的语料样本中绝大部分是 20 世纪 90 年代的出版物,有《人民日报》1 000 万字,《中国新闻》500 万字,各种书籍 250 万字,文学作品 150 万字,准口语材料(书面形式的对话、独白)100 万字。精语料库的 200 万字语料样本是从粗语料库中按照规定的比例由计算机随机抽取的,有书面语语料 160 万字,准口语语料 40 万字,是从语体、题材、体裁三个方面均衡选取的平衡语料库。为了对这些语料进行词语切分和词性标注,作者制定了词语切分的细则和词性标记体系的原则,采用了一个含有 112 个词类标记的标记集,确定了兼类词的处理方法。这个语料库的管理系统具有建库、检索、浏览、统计、输出等功能,可以按词或词类检索,统计出词的频率、词类频率、词类共现频率、平均词长、平均句长等结果。这个语料库建成以后,很快应用在现代汉语语法、汉语教学和汉语信息处理的研究中,研究内容涉及现代汉语的插入语、汉语句子的主题 – 主语标注、V + N 序列实验分析、词性标注中词语归类问题、动宾组合的自动获取与标注,等等。

3. 现代汉语平衡语料库

在用于汉语研究的语料库中,讲究选材均衡,注重语料加工,同时也提供公开服务的,当数台湾中央研究院历史语言研究所的现代汉语平衡语料库(简称 Sinica Corpus)。这个语料库的规模为 500 万个词,每个句子都依词断开,标示词类标记,并且配备了检索系统,在网上开放供大家使用。根据自己制订的一套汉语文本属性特征为语料分类,在不同的类别上尽量均衡地采集语料,是这个语料库的特点之一。文本属性用来说明文档的呈现方式、文章的写作方式、文章写作的内容和文档的来源出处,包括 6 类,每类下设若干小类:

文类(文档的呈现方式):报道、评论、广告图文、信函、公告启事、小说故事寓言、散文、传记日记、诗歌、语录、说明手册、剧本、会话、演讲、会议记录。

文体(文章的写作方式):记叙、论说、说明、描写。

语式(文档的呈现方式):书面语、演讲稿、剧本/台词、口语谈话、会议记录。

主题(文章写作的内容):哲学、科学、社会、艺术、生活、文学媒体报纸、一般杂志、学术期刊、教科书、工具书、学术论著、一般图书、书信、视听媒体、其他。

作者:姓名、性别、国籍、母语。

出版:出版单位、出版地、出版日期、版次。

不同研究目的的语言学者可以自己按语式、文体、媒体和主题的小类选取不同类别的语料,组成"自订语料库",在"自订语料库"的范围内进行语料的检索和统计。除了通常的按词语、词类的检索和统计以外,这个语料库的管理系统还提供了一种"进阶处理"功能,对检索出来的数据做进一步处理,对处理的结果还可以再次处理,形成多层的检索结果。

5.2.6　面向语言信息处理的现代汉语语料库

1. 清华大学现代汉语语料库

20 世纪 90 年代中后期,面向语言信息处理的现代汉语语料库开始建立并投入应用。其中最早开发的是清华大学用于研究和开发汉语自动分词技术的现代汉语语料库,经过几年的积累已达到 8 亿多字生语料。在这个语料库的支持下,用统计语言模型的方法研究了汉语自动分词中的理论、算法和技术,编制了总数为 9 万多个词语的《信息处理用现代汉语分词词表》。这些研究工作体现了我国汉语自动分词技术的发展水平,词表被许多汉语自动分词系统作为底表使用,是不可缺少的基础资源。

2. 清华大学 TH 通用语料库

TH 通用语料库系统是清华大学建立的另一个现代汉语语料库。这个语料库有两个特点:一是语料库管理系统根据不同的加工深度,分 4 个等级管理语料。第一级是生语料分库,有 4 000 余万字;第二级以上都是加工程度不同的熟语料库,其中第二级存放经过自动分词并由人工校对过的初加工语料 500 余万字;第三级存放经过词性标注和人工校对的语料约 300 万字;第四级是经过句子成分标注和人工校对的语料。每个分库又按语料的来源分成一般书籍、报纸、杂志、论文和工具书 5 类子库。不同等级的语料可以为不同的应用目标服务。第二个特点是在这个语料库的支持下,进行了汉语信息处理技术的研究。譬如,采用以谓语为中心的句型成分分析与语料统计相结合的方法,自动分析汉语的句型,提出了一个"汉语句型频度表";在汉语文本中自动标注句子成分和句型成分的边界;根据指定的句型在语料库里搜寻句子实例,等等。

3. HuaYu 人工标注语料库

HuaYu 人工标注语料库是清华大学和北京语言大学合作建立的一个现代汉语平衡语料库。这个语料库按文学、新闻、学术、应用文 4 个大类收录了 200 余万字语料。它的特点是讲究加工的深度,除了词语切分和词性标注以外,还根据语句中动词的类型和句子的长度进行"语块"标注和"句法树"标注,目的是为建立汉语短语分析或句法分析的语言模型获取统计数据提供资源。下面分别是语块标注和句法树标注的示例。

对句子"自古以来,人类就重视档案的保存和利用,设置馆库、选派专人进行管理。"进行语块标注以后得到的是一个无嵌套的线性序列,其中 S 是主语语块,P 是述语语块,O 是宾语语块:

[D 自/p 古/t 以来/f,/,[S 人类/n[D 就/d[P 重视/v[O 档案/n 的/u 保存/vN 和/c 利用/vN,/,[P 设置/v[O 馆库/n、、[P 选派/v[O 专人/n[P 进行/v[O 管理 v。

对句子"我哥哥送给我一本很漂亮的书。"进行句法树标注以后,得到的是一个与树形结构等价的线性序列:

[zj–XX[dj–ZW[np–DZ 我/rN 哥哥/n][vp–PO[vp–PO[vp–SB 送/v 给/v]我/rN][np–DZ[mp–DZ–/m 本/qN][np–DZ[ap–ZZ 很/d 漂亮/a]的/u 书/n]]]。/w]

5.2.7　用于开发特定语言分析技术的专用语料库

这类语料库是针对汉语信息处理技术的需要专门建立的。例如山西大学的专有名词标注语料库和分词与词性标注语料库。

1.山西大学分词与词性标注语料库

分词与词性标注语料库,规模为500万字,带有分词标记、词性标记和句法标记。标注时依据《信息处理用现代汉语分词规范》和《信息处理用现代汉语词类及标记集规范》。在这个语料库的支持下,开发汉语自动分词和词性标注软件,研究自动分词和词性标注的评测技术。为了解决汉语自动分词中的切分歧义问题,还建立了交集型歧义字段库和组合型歧义字段库,专门收集这两种类型的歧义切分实例。前者有7.8万字,后者收录了140多条,并且在分词和词性标注语料库里做了这两类切分歧义的标注。利用这些语料调查交集型歧义当中的"伪歧义"现象(即切分结果只可能有唯一选择的那些交集型歧义切分字段),发现这种现象在歧义切分字段中很普遍,可以达到90%以上。

2.山西大学专有名词标注语料库

专有名词标注语料库用于研究汉语自动分词中专有名词的识别算法。其中包括标注了中国地名的语料280万字,标注了中国人姓名的语料300万字,标注了西文姓名的语料250万字,标注了汉语机构名称的语料50万字,还有标注了网络新词语的语料150万字。利用这些语料,建立了中国地名用字、用词库,姓氏人名库,姓氏用字频率表,名字用字频率表等,用统计语言模型的方法识别专有名词。

其他较有影响的语料库还有:北京大学汉语语言学研究中心现代汉语语料库(规模约为2.6亿字)和古代汉语语料库(规模约为8 000万字),均未进行标注处理。双语语料库方面有北京外国语大学以及外语教学与研究出版社分别建设的汉英平行语料库。

5.3 语料库的加工、管理和规范

5.3.1 语料的加工

一个计算机语料库的功能优劣主要与三个因素有关:一是语料库的规模;二是语料的分布;三是语料的加工程度。规模的大小关系到统计数据是否可靠,语料的分布涉及统计结果的适用范围,语料加工的深度则决定这个语料库能为使用者提供什么样的语言学信息。

加工语料主要指文本格式处理和文本描述两项工作,前者是对采集的语料文本进行整理,转成统一的电子文本格式,例如数据库格式、XML 文本格式等。后者是描述每一篇语料样本的属性或特征,包括篇头描述和篇体描述。篇头描述说明整篇语料样本的属性,例如语体、内容所属的领域、作者、写作时间、来源出处,等等,篇体描述是在文本里添加各种语言学属性标记,对于汉语书面语语料库来说,常见的是词语切分标记、词性标记、专有名词标记,还有某些语法特征如短语标记、子句标记,或语义信息标记,等等。对汉语书面语语料的加工一般是从词语切分、词性标注,到语法、语义属性标注,按顺序进行。标注的信息逐步增多,语料加工的深度也就逐渐增加。人们通常把没有篇体描述信息的语料叫作生语料。对汉语的生语料只能以字为单位进行检索和统计。经过词语切分处理的语料,就能以词为单位进行检索、统计和定量分析。如果还做了词性标记,那么可以获得的语言学信息就更多了。语料的标注如果由人来做,当然能够保证准确性,但是人工标注对处理大规模的语料显然不够现实。所以几乎每一个大规模语料库的加工都需要借助自动化的手段,词语自动切分、词性自动标注等就成为备受关注的语料加工技术。

自动分词是我国最早开始研究的汉语信息处理技术之一。语料库的建设开始以后,自动分词技术在语料加工中又得到了应用和发展。自动分词和词性自动标注一般都需要一个词典,作为分词和词性标注的基础。这个词典与常用的语文词典相比,收录的词目不大一样,包括了语言学家认可的词,以及一些比词小的单位(如语素字、词缀等)和一些比词大的单位(如成语、习语、简称略语等)。词典中也包括词类信息和其他语法信息。目前的自动分词技术是基于字符串匹配原理的,有正向最大匹配、逆向最大匹配等基本算法。在切分过程中会出现歧义现象,如何处理歧义是自动分词研究的重点之一,在这方面投入的研究也最多,先后提出了"短语结构法""专家系统法""隐马尔科夫模型""串频统计和词匹配"等辨识歧义的方法。识别未登录词是自动分词研究的第二个重点。未登录词指没有被分词底表收录的词语,包括人名、地名、机构名等专有名词和新出现的词语。对未登录词的识别一般以基于语料库的统计语言模型方法为主。

词性自动标注通常与自动分词同时进行,根据带有词类信息的分词词典,给切分出来的词语标上初始的词类标记。对于兼类词,必须在句子里判断类别。因此需要分析兼类词语在上下文中的分布特点和语法功能,并用形式化的方式表达出来,作为词性标注系统排除兼类的规则。近年来,已经有几个自动分词和词性自动标注系统投入了应用,其中北京大学用自己研制的系统为《人民日报标注语料库》做分词和词性标注的初加工,北京语言大学的自动分词系统也成为其《面向语言教学研究的汉语语料检索系统》中的关键技术。此外,经过十几年的研究和实践,2001 年发布了收录 9 万多词语的《信息处理用现代汉语分词词表》和《现代汉语词类及标记集规范》。对于 1993 年制定的国家标准《信息处理用现代汉语分词规范》的可操作性问题,也进行了积极的讨论和实验,提出了有效的解决方法。

经过分词的语料,除了标注词性以外,还可以进一步标注其他语言学属性,譬如韵律、语调、短语结构、句法结构、语义关系,等等。句子的语法结构需要有形式化的方式来表达,大多数语料库或者采用短语结构树,或者采用依存语法树的方式,这样标注过的语料库就成为短语树库或句法树库。一般情况下,在词性标注的基础上再做进一步的语法标注加工,多以人工为主,也有关于自动短语定界和句法信息自动标注的研究和实验。目前已有的汉语短语库、句法树库规模都不大,至多百万词级。

在双语语料库的建设中,除了上述语料加工项目以外,还有一项不可缺少的语料加工任务:双语语料对齐。语料对齐分为段落、句子、子句、短语和词语几个不同的层次。如果考虑用计算机程序做自动对齐,不同的层次要解决的问题各不相同。每种语言的段落都有可识别的标志,因此段落的对齐最容易实现,句子的对齐在印欧语言之间比它们和汉语之间要容易,词语的对齐需要借助词典,句子内的各种结构要自动对齐则是最难的。目前双语自动对齐技术的研究主要是针对句子和句子内的结构,采用的方法有基于长度的、基于词典的,或者是这两种方法的混合策略。

5.3.2　语料库管理系统

经过科学选材和标注,具有适当规模的语料库,还应该有一个功能齐备的管理系统,包括数据维护(语料录入、校对、存储、修改、删除及语料描述信息)、项目管理、语料自动加工(分词、标注、文本分割、合并、语料对齐、标记处理等)、用户服务功能(查询、检索、统计、打印等)。其中数据维护部分主要涉及汉字字符处理、文本处理、文件管理等计算机程序设计技术。语料自动加工部分的主要内容是自动分词、各种语言学属性的标注技术,已经在前面专门介绍过了。这里主要谈谈面向用户的语料检索、统计和分析技术。

语料检索是一种全文检索技术，但是也有自己的特点，仅用普通的全文检索技术还不能满足语料检索的需要。这是因为，全文信息检索关心的是检索目标的意义，不是检索目标的语言表述形式。而面向语言研究的语料检索则特别注重语言的表述形式，它既需要按照字、字串和词检索，也需要把词语的语言学属性作为检索的目标和约束条件，还要求把检索的结果或目标的出处按照研究的需要排序、输出。除此之外，还要有字频、词频和特定语言形式出现频率的统计功能。

对汉语生语料的检索和统计是以字或字串为单位进行的。这一类检索系统主要以单字索引和字符串匹配为关键技术，由于把词语当作字串来检索，所以检索结果中经常出现"非词"的问题。例如要查找"出警"，检索结果中除了"迅速出警""拒绝出警""出警次数"等实例以外，"发出警告""放出警犬"等也混在其中。为了解决这些问题，常常需要为字符串匹配的检索表达式另外设置限制条件。这些限制条件大多是个性的，只能排除一部分"非词"的实例。要想从根本上解决这个问题，就必须对语料做词语切分。经过词语切分处理的熟语料，能以词为单位进行检索、统计和定量分析。但是熟语料库的加工代价很高，而且对于语料的词语切分和词性标注，目前还没有既成熟又便于操作的规范。所以近年来，面向生语料库的检索技术一直在广泛应用，并且在用户功能方面不断发展。譬如，可以对用户给出的任何生语料快速生成索引；可以使用具有复合逻辑关系的检索表达式；可以按照汉字、拼音、笔画对检索结果的上下文自动排序；可以提供检出实例的来源、出处；可以按字频统计的数据排序；检索结果和统计结果既可以按文本形式输出，也可以按数据库形式输出；还可以通过网络支持多用户远程检索。

对于经过词语切分处理和词性标注的熟语料库，除了所有生语料的检索功能以外，语料检索系统还可以把词语或词性作为检索的关键字或限制条件，得到关于这些语言学属性的检索和统计结果，并按各种排序和输出形式提供给用户。语言学属性来自语言学家对汉语的研究，研究过程中有各种观点和认识，从词的定义到词类的确定，一直还没有统一的意见。另一方面，人们检索语料时的目的也各不相同，有的关心词汇问题，有的关心语法现象，还有的目标是汉语信息处理的应用问题。因此对于熟语料库检索来说，一个好的检索系统应该能够包容各种不同的语言学观点，可以用于不同的检索目的。

为了做到这一点，通常采用的办法是，把用于语料库自动分词的底表和附着于底表的词性、构词等属性都看作语言学属性表，使这个属性表与检索系统的程序相互独立，检索系统只把属性标记作为抽象的字符串处理，而把建立属性表的工作交给用户。以北京语言大学的"面向语言教学研究的汉语语料检索系统"为例，它的自动分词词表、词属性集和每个词的属性标记都由用户提供，提供的方式是把词目和它的属性标记登记在数据库里。检索系统使用用户提供的这个属性表对生语料自动分词，并生成索引，供给用户检索。检索系统对属性表没有任何限制，规模可大可小，表中的词目也可以跟通常认为的词没有关系，属性可以是语法的，也可以是构词的、语义的、语音的，等等。这样用户就能根据自己的需要检索和研究各种字串在语料中的表现。

把语料加工技术集成在检索系统里面，是语料库检索系统的另一个特点。语料加工技术一般指词语自动切分和词性自动标注。在北京语言大学的语料检索系统中，未登录词的自动识别技术比较有特点。它可以识别各种数字串、中西人名、中西地名、机构名、后缀短语等，并为它们建立索引，供用户检索和统计。

5.3.3　语料库的规范问题

语料库的规范问题主要是对语料加工而言的。汉语语料库首先遇到的规范问题是词语切分。我国 20 世纪 90 年代初发布了国家标准《信息处理用现代汉语分词规范》（GB/T 13715—92）。这个规范基本上采用《暂拟汉语教学语法系统》中的观点，把词定义为"最小的独立运用的语言单位"。针对汉语语素、词和词组界限不够清晰的问题，还特别提出了"分词单位"的概念。把"分词单位"定义成"汉语信息处理使用的具有确定的语义或语法功能的基本单位"，并且用"结合紧密、使用稳定"的原则作为判断分词单位的标准。这样做的目的是避免关于如何界定词的争论。但是"结合紧密、使用稳定"的原则缺少可操作性，对于自动分词研究中的具体问题常常难有定论。于是就有了根据规范制定一个词表，用"规范＋词表"的办法指导分词的建议。这样在 20 世纪 90 年代中期和末期，分别提出了收词 43 570 条的《信息处理用现代汉语常用词表》和收词 9 万多条的《信息处理用现代汉语分词词表》。其中后者是在 8 亿字的大规模语料库支持下，采用"串频""互信息""相关度"等计算统计方法，依据定量的数据分析结果辨识"分词单位"的。与此同时，语言学家也参与了制定这个词表的工作，他们提出的各种语言学规则，从定性分析的角度与统计数据相互作用，最后经过人工审定，确定了 9 2843 个词目，其中一级常用词 56 606 个，二级常用词 36 237 个，成为目前许多自动分词系统使用的词表。

20 世纪 90 年代中期，台湾的计算语言学会也提出了一个《资讯处理用中文分词规范》。这个规范有三条基本原则，一是分词单位必须符合语言学理论的要求；二是在信息处理上切实可行；三是能够确保真实文本处理的一致性。它把分词规范分成信、达、雅三个不同的等级，"信"级是基本资料交换的标准，"达"级是机器翻译、情报检索等自然语言处理的标准，"雅"级则是分词的最好结果。这样可以根据不同的应用目的做难易程度不同的分词处理。

词语切分以后，下一个规范问题就是词性标注。经过十多年的词性标注研究和实践，教育部语言文字应用研究所于 2001 年提出了《信息处理用现代汉语词类标记集规范》。这个规范吸收了语言学家的研究成果，也兼顾了已有的各个用于语言信息处理的词类系统，制定了标记现代汉语书面语词类的符号集，使各种汉语信息处理应用系统能够尽量使用统一的词类标记，有助于信息交换和资源共享。

标注短语和句子结构是语料库进一步深加工的内容，虽然目前尚处于起步阶段，但已经在标注的同时考虑了规范的问题。清华大学提出的《汉语句子的句法树标注规范》，主要包括句法标记集的内容描述、句法树的划分规定、歧义结构的处理、结构分析的方向性等问题。上海师范大学根据自己制定的《汉语文本短语结构人工标注规范》，对 100 万字的 1997 年《读者文摘》进行了分词、词性标注和人工标注短语的试验。哈尔滨工业大学采用包含 23 个短语符号的标记集合，开发了一个 8 000 个句子的汉语树库。清华大学还建立了一个基于语义依存关系的语料库，也涉及标注体系的选择和标注关系集的确定。这些工作规模都不大，在规范方面还处于各自为政的状态。随着语料的进一步深入加工，统一规范将成为不可避免的问题。

北京大学的《人民日报》标注语料库是目前规模最大的汉语基本标注语料库。在它的开发过程中，各种加工规范起了关键的作用。在这些加工规范中，有词语的切分规范，主要规定把句子的汉字串形式切分为词语序列的原则；有现代汉语词类及标记集规范，规定切分出来的词语、短语、标点符号的类别和标识符号;有切分和标注相结合的规范,规定语素构成合成词的方式(重叠、附加和复合);有标注规范,规定词性标注与词库的关系,主要解决如何在上下文环境里确定兼类词的词性;还有收词 7 万余条的词库《现代汉语语法信息词典》。加工大规模的语料是一项浩大的语言工程。语料标注的准确性和一致性需要靠完善、合理的词库和严谨、实用的加工规范来保证。《人民日报》标注语料库的加工规范和《现代汉语语法信息词典》是语言学家和信息处理专家合作,在汉语语法研究的理论和方法指导下,根据汉语信息处理的实际需要制定和开发的。在标注大规模语料的实践中,又得到了验证和完善。

除了语料加工以外,语料库还应该在语料的采集和存储格式上有所规范。对于平衡语料库来说,采集规范主要是为了保证语料的平衡性,而类别分布和时间分布是语料平衡的两大要素。每个语料库都要对语料进行分类,分类的原则各不相同。有的根据内容涉及的主题分类,有的根据语体分类。在众多平衡语料库当中,台湾中央研究院的现代汉语平衡语料库的分类标准很值得注意。这个语料库的研制者认为,用传统的文体单一特征来界定平衡语料库不足以反映影响整个语言全貌的内在因素。因此他们采用的是多重分类原则:把所有语料都标上 5 个不同特征的值:文类、文体、语式、主题、媒体。

利用以主题为主的 5 个特征的多重分类来进行语料库的平衡。这样做还使研究者能够任选其中几个特征的组合,定义自己的次语料库(sub-corpora),也可以在次语料库间做比较研究。另外,多重分类原则也有利于以后平衡语料库的更新。语料存储格式的规范一般指采用统一的编码规范为电子文本做标记,目前可扩充置标语言 XML 被广泛地用做语料库标注的元语言,存储格式的标准化有助于语料的交换和共享。

5.4 语料库在语言研究中的的应用

在语言研究中,语料库方法是一种经验的方法,它能提供大量的自然语言材料,有助于研究者根据语言实际得出客观的结论,这种结论同时也是可观测和可验证的。在计算机技术的支持下,语料库方法对语言研究的许多领域产生了越来越多的影响。各种为不同目的而建立的语料库可以应用在词汇、语法、语义、语用、语体研究,社会语言学研究,口语研究,词典编纂,语言教学以及自然语言处理、人工智能、机器翻译、言语识别与合成等领域。我国在语料库的应用上还处于起步阶段,在计算语言学和语言信息处理领域,语料库主要用来为统计语言模型提供语言特征信息和概率数据,在语言研究的其他领域,多使用语料的检索和频率统计结果。

语料库与自然语言信息处理有着相辅相成的关系,大规模的语料库是用统计语言模型方法处理自然语言的基础资源。然而统计语言模型本身并不关心其建模对象的语言学信息,它关心的只是一串符号的同现概率。譬如 N 元语法模型,它只关心句子中各种单元(比如字、词、短语等)近距离连接关系的概率分布,而对于许多复杂的语言现象,它就无能为力了。在统计语言建模技术最得到成功应用的自动语音识别领域,语料库的开发和建设受到格外的重视,标注语料库成为不可缺少的系统资源,就是因为,要想改进 N 元语法的建模技术,必须利用语料库引入更多的语言特征信息和统计语言数据。同样,在书面语语言信息处理领域里,语料库提供的语言知识也越来越多地用在统计语言模型方法中。除了词语自动切分、词性自动标注、双语语料对齐等语料加工技术以外,人们还在语料库的支持下,建立有关语法、语义的语言知识库,开发信息抽取系统、信息检索系统、文本分类和过滤系统,并且把基于统计或实例的分析技术集成到机器翻译系统里面。

近年来在语料库的支持下,从信息处理的角度研究汉语词汇、语法和语义问题的报告也日渐增多。这些研究包括:根据逐词索引做汉语词义的调查;对词语搭配进行计量分析;利用量词—名词的搭配数据研究汉语名词分类问题;进行现代汉语句型的统计和研究;做短语自动识别(例如基本名词短语、动宾结构)和自动句法分析的试验;研究在句子里为词语排除歧义的算法;分析和统计汉语词语重叠结构的深层结构类型及产生方式;等等。

对于词汇学、语法学、语言理论、历史语言学等研究来说,语料库的作用目前大多还是通过语料检索和频率统计,帮助人们观察和把握语言事实,分析和研究语言的规律。语料库方法的发展会使这种仅起辅助作用的手段逐步变成必备的应用资源和工具。利用语料库,人们可以把指定的语法现象加以量化,并且检测和验证语言理论、规则或假设。

在少数民族语言和方言调查研究方面,比较有代表性的工作是"藏缅语语料库及比较研究的计量描写"。它建立了我国境内藏缅语族 5 大语支 82 个语言点 16 万词条的词汇语音数据库,对藏语方言的音节、音位、声母、韵母、声词、词素、构词能力和语音结构等 10 余项特征做了分布和对比分析。对藏语 15 个方言点做了语音对应关系和音系对比关系的量化描述,并且在这个基础上做出具有历时和共时比较研究意义的相关分析,得出了语言分类的相关矩阵和聚类分析图表。

在应用语言学领域,词典编纂和语言教学同是语料库的最大受益者。目前已有多部词典在编纂或修订过程中,不同程度地使用语料库或电子文档收集词语数据,用于收词、释义、例句、属性标注等。南京大学近年来开发了 NULEXID 语料库暨双语词典编纂系统,涉及英汉两种语言,在《新时代英汉大词典》的编纂过程中起了重要作用。从词典编纂的整体情况看,我们还缺少充分的语料资源和有效的分析工具,很多有意义的事情还做不了。譬如,分析语料中显现的词语搭配现象,利用语料库进行词语意义辨析,在动态的语料库中辅助提取新词语,等等。把语料库用于语言教学的一个例子是上海交通大学的 JDEST 英语语料库,利用这个语料库,通过语料比较、统计、筛选等方法为中国大学英语教学提供通用词汇和技术词汇的应用信息,为确定大学英语教学大纲的词表提供了可靠的量化依据。这个语料库也在英语语言研究中发挥了作用,支持基于语料库的英语语法的频率特征、语料库驱动的词语搭配等项研究。2003 年,中国学习者英语语料库由上海外语教育出版社正式发行。这个语料库是一个 100 多万词的书面英语语料库,涵盖我国中学生、大学英语 4 级和 6 级、英语专业低年级和高年级的学习内容,并对所有的语料做了语法标注和言语失误标注。根据这个语料库得到了词频排列表、拼写失误表、词目表、词频分布表、语法标注频数表、言语失误表等,还把这些数据与一些英语本族语语料库(如 BROWN,LOB,FROWN,FLOB)进行了某些比较。这个语料库为词典编纂、教材编写和语言测试提供了必要的资源。目前上海交通大学外语教学与研究出版社等单位正在建设大学英语学习者口语英语语料库。

在几年来语料库建设和应用的基础上,2003 年国家"973"计划开始支持中文语言资源联盟(Chinese Linguistic Data Consortium,Chinese LDC)的建立。Chinese LDC 是吸收国内高等院校、科研机构和公司参加的开放式语言资源联盟。其目的是建成能代表当今中文信息处理水平的、通用的中文语言信息知识库。Chinese LDC 将建设和收集中文信息处理所需要的各种语言资源,包括词典、语料库、数据、工具等。在建立和收集语言资源的基础上,分发资源,促成统一的标准和规范,推荐给用户,并且针对中文信息处理领域的关键技术建立评测机制,为中文信息处理的基础研究和应用开发提供支持。

近年来在计算语言学和语言信息处理领域的学术会议上,语料库的建设和应用一直是重要论题之一。讨论的重点集中在基于语料库的语言分析方法,以及语料的标注、管理和规范等问题上。语言学家更多关心的是语料库的规划和建设,语料库方法在语言研究和教学中的应用。

第6章 翻译与本地化

6.1 本地化的概念[①]

在全球化的背景下,完全考虑国内业务的企业越来越少。相反,他们发现即使是为了在国内市场上竞争,也必须聚焦于国际业务。然而,有效地进军国际市场的征途并不总是畅通无阻。仅仅翻译一些手册和产品的用户界面是远远不够的。一个企业要想在国际市场上取得成功必须考虑许多商务问题:当地语言、货币、商务惯例、技术要求和文化嗜好等都必须进行研究,同时还要考虑对当地市场的营销、销售和技术支持等。本地化服务行业应运而生。

本地化的英文为 Localization,由于单词较长,业界人士也常将其写为"L10N"。其中 L 为本地化英文单词的第一个字母,N 为最后一个字母,10 代表中间的 10 个字母。

需要指出的是,翻译虽然是本地化服务中一个很重要的工作,但其与本地化之间并不能直接画上等号。除了文字的翻译,与文字相关的如图片、图表、设计、用户界面等诸多内容,都需要通过本地化来适应目标语的文化环境。1990 年总部位于瑞士的本地化行业标准协会(LISA)的成立,标志着国际本地化行业的正式形成。LISA 对"本地化"术语进行了定义:本地化是对产品或服务进行调整以满足不同市场需求的过程。因此,确切地说,本地化是对产品或服务进行修改以应对不同市场间差异的过程。针对目标语言市场进行产品的翻译及改造,它不仅包含将源语言文字转换为目标语言文字的过程,也包含针对目标语言的语义进行分析,以确保其在目标语言中的正确性,以及在目标文化中,产品的(功能及语言)适用性。

Common Sense Advisory 公司曾在 2006 年进行过一次调查,结果显示 75% 的消费者更有可能选择使用自己母语的产品。此外,消费者或客户还能通过本地化产品获得高的用户体验,并更有可能重复购买。对于生产者来说,当产品经过本地化,并且以本地语言提供产品支持和服务后,技术支持的成本会降低。

6.2 本地化的应用及分类

本地化的应用非常广泛,其中,软件和网站的本地化是较为常见,也是需求较大的两个类别。

1. 网站本地化

网站本地化是指对网站的文本、网页、图形和程序进行调整,使之符合目标国家的语言和文化习惯。专业的网站本地化服务应该包括网站内容翻译、网站后台程序本地化,网站音频、视频文件本地化,网站图像本地化处理和本地化网页设计制作。可能涉及文字的翻

---

① 参见中国翻译协会本地化服务委员会 http://www.taclsc.org/index.asp[2016 - 12 - 22].

译、用户界面布局调整、本地特性开发、联机文档和印刷手册的制作,以及保证本地化版本能正常工作的软件质量保证活动。

网站本地化是一项极其复杂琐碎的工作:

语言不同,文化差异——译文要做适当调整;

市场不同,策略差异——信息要做适当取舍;

文件不同,文字差异——链接要做适当修改。

经过本地化的网站,一方面要保留总部网站的设计风格和格式,另一方面要在内容上突出本地特色。

随着电子商务的迅速发展,对网站进行本地化意味着可以与不同国家的潜在客户进行更方便、更有效的交流和沟通。网站本地化不仅需要高超的翻译技巧,而且精通 HTML、脚本语言、图像本地化以及功能测试;还需要掌握多语种和方言的解决方案,为目标客户的理解搭建起一座信息沟通的桥梁。真正的本地化要考虑目标区域市场的语言、文化、习俗和特性。在网站本地化后,网站将会在当地的系统平台上运行,人们能够方便快速地用熟悉的语言去阅读本地化后的网站,自然可以提升信息传递效率。

2. 软件本地化

软件本地化是指改编软件产品的功能、用户界面(UI)、联机帮助和文档资料等,使之适合目标市场的特定文化习惯和文化偏好。软件本地化是将一个软件产品按特定国家或语言市场的需要进行全面定制的过程,它并不只是单纯地翻译用户界面、用户手册和联机帮助。完整的软件本地化服务包括翻译、重新设计和功能调整和功能测试等。因此,软件本地化过程还需要额外的技术作为支撑。

软件本地化服务范围包括:软件资源翻译排版、用户界面本地化、用户界面重新设计与调整、联机帮助系统本地化、功能增强与调整、功能测试及翻译测试、翻译自动化和产品本地化管理、程序文字本地化。常见的软件本地化行业包括:医疗软件本地化、机械电子软件本地化、组态软件本地化、游戏本地化、手机软件本地化、商务软件本地化、工程软件本地化等。

由本地化服务委员会主编的《本地化入门手册》已经完成初稿,于2015年5月对外发布征求意见稿。手册将深入浅出地介绍什么是本地化,本地化做什么,怎么做本地化。有关本地化的更多详细介绍,可参阅该手册。

6.3 本地化基本准则

1. 凝练平实,言简意赅

信息全面,含义准确;语气流畅,逻辑通顺;使用书面用语,符合汉语语法习惯;杜绝错字、别字、多字、少字、标点符号误用和英文拼写错误;译文的用词及语气须避免有对性别、年龄、种族、职业、宗教信仰、政治信仰、政党、国籍、地域、贫富,以及身体机能障碍者的歧视。本地化的项目绝大多数属于科技英语的本地化项目,在科技英语项目的本地化翻译时要掌握以上语言规律和特点。

2. 句子结构严谨

从文体上看,大多是论述性、指南性的,多用陈述句、祈使句,平铺直叙,少有感情色彩。句子结构简练严谨,常采用省略手法,用短语来代替从句。词汇力求短小精悍,常用复合词,技术性越强,复合词越多。在表现手法上力求客观性,避免主观性和个人色彩,被动语态使用较多,以使句子紧凑,主语信息丰富,避免重复。文章结构层次分明,用词比较正规,连接词的使用十分频繁和重要。

3. 手册语言活泼

手册的语言风格与联机帮助或界面相比要略显活泼一些,经常会出现一些疑问句、反问句、感叹句、俚语等;在翻译时要将这些地方译得文雅而不口语化,传达出原文要表达的感情,而表达方式又符合汉语的习惯。

4. 特殊名称处理

(1)名称、地址

原文中虚拟的人名、地址、公司名称及客户名称若译成中文,应避免与名人或真实的公司名称有雷同的情况,亦不得谐音。地址名在需要的情况下也请使用中文。如有疑问,请IQA 或该产品组查询确认。

(2)产品名称

原则上正式上市的中文版 Microsoft 产品,其产品名称均维持原文格式,不加以翻译。在较重要或明显之处(如手册的封面、内容第一次提到产品名称时,或安装说明中有关操作系统的说明),应使用产品全称,即应在中文产品名之后加上"中文版"或"中文专业版"字样,如"Microsoft Office 97 中文专业版""Microsoft Windows 95 中文版"。

(3)世界地名

地理名词的处理往往涉及国家的政策,一定要慎重对待。应该以微软提供的国家和地区翻译标准文件(Cntry&Area. xls)为准。对于文件中未包含的条目,中国地名请以中国地图出版社的《中华人民共和国行政区划分简册》为准;外国地名请以中国地图出版社的《世界地图集》为准。注意:如果遇到"中华民国""Taiwan"或"Republic of China"等字样,须立即通知项目经理;对于单词"国家",如果是"国家"之意,则无论出现在何处,均需译为"国家/地区"。Taiwan,Chinese,应译为"中国台湾地区"。产品中的这类政治敏感性词汇,有可能给客户带来法律纠纷,因此,这一点非常重要,不能有任何差错。

(4)商标

所有在商标列表中包括的条目,均应保留英文,不加翻译。对于斜体的处理,除特别标明外,英文原文中的斜体字(Italics)在翻译成中文后改用宋体。如果原文的斜体是用以表示书籍、手册、期刊及报纸的名称,大型音乐作品的曲名,戏剧及电影的剧名,广播电视节目名称,或诗歌的标题,则应依有关规定以书名号(双角括号《 》)代替。

6.4　本地化的起源和发展

20 世纪 80 年代,伴随着桌面计算机开始进入消费领域,没有计算机知识背景的普通用户开始慢慢接触到计算机技术。20 世纪 80 年代早期出现了最早的一批来自美国的计算机软硬件跨国公司。计算机走入"普通"用户的生活,他们希望计算机软件能够帮助他们更有效率地工作,因此也为软件厂商提出了新的要求。软件需要紧随技术发展,还要符合当地的标准和使用习惯,其中就包括了当地的语言。

软硬件厂商在国际上的扩张,自然也带来了更多针对目标市场本地化的需求。一些公司内部开始建立起翻译团队,专门负责针对目标市场进行软件翻译,其他一些公司则直接要求当地市场的代理商或销售商对软件进行翻译。但这些解决方案都存在自身的弊端,给软件的本地化工作带来了不小的挑战。

20世纪80年代中期,致力于提供全球多语言服务的多语言服务商在市场上出现,例如INK(Lionbridge前身)和IDOC(Bowne Global Solutions前身),它们专注于提供科技文献和软件管理和翻译。进入90年代,随着因特网技术的广泛应用、软件国际化设计技术的快速发展,软件本地化的需求日益增大,软件本地化的实现技术逐渐成熟。为了降低软件本地化的语言翻译技术和人力资源等成本,国际大型软件开发商更愿意将软件本地化外包给专业软件本地化服务商,集中内部资源处理核心业务,由此催生了软件本地化服务商和本地化咨询服务商。

1990年,本地化行业标准协会(LISA)在瑞士成立,成为本地化和国际化行业的首要协会组织之一,标志着软件本地化行业的初步形成。LISA的目标是促进本地化和国际化行业的发展,提供机制和服务,使公司间能交换和共享与本地化、国际化相关的流程、工具、技术和商务模型等方面的信息。

20世纪90年代后期,伴随着因特网技术和软件设计技术的突飞猛进,软件本地化行业以平均每年30%的速度蓬勃发展。国际软件本地化服务商不断发展,例如Lionbridge、ALPNET和Berlitz GlobalNET等都是软件本地化行业的先驱。

软件本地化在全球的发展,促进了两级语言市场的划分。根据当地语言市场的规模,世界范围内逐渐形成了一级语言和二级语言两大本地化市场。德语、法语、意大利语、西班牙语和日语成为一级本地化市场,简体中文、繁体中文、韩文和东欧语言等成为二级语言本地化市场。随着中国在国际影响力的不断提升,简体中文的市场需求增长迅猛,有望成为一级语言市场。

随着国际软件开发商进行软件本地化外包的程度不断加大,软件本地化人才的需求呈不断上升趋势。一方面,本地化服务商加强了新员工的内部培训;另一方面,一些大学开设了与软件本地化有关的课程。如美国俄亥俄州的肯特州立大学(Kent State University)开设了本地化语言、翻译和项目管理方面的课程。近年来,国内的北京大学开设了计算机辅助翻译技术、双语编辑与排版、国际化与本地化工程技术等研究生课程。2015年,广东外语外贸大学高级翻译学院翻译硕士专业学位设立了翻译与本地化方向。北京语言大学和西安外国语大学也相继在本科或硕士研究生阶段开设了相关方向的课程。

本地化引领语言服务行业在探索中实践,在实践中发展,助力跨国企业全球化的发展战略,驱动企业走向全球化运营和营销。

6.5 中国本地化发展概述

本地化在中国的发展几乎是与世界本地化同步的。20世纪90年代初,本地化服务行业在我国萌芽。1991年,Oracle(甲骨文)公司在北京建立北京甲骨文软件系统有限公司。1992年,IBM(国际商业机器公司)在北京成立国际商业机器中国有限公司。同年,Microsoft(微软)在北京设立办事处。次年,微软公司的Windows 3.1操作系统推出简体中文版。IBM和Microsoft等客户旺盛的本地化服务需求,催生了中国本土的本地化企业。1993年,北京阿特曼公司(后改为北京汉扬天地科技发展有限公司,2005年被北京中讯软件集团收购)成立。同年,北京时上科技(后改为北京东方新视窗技术有限公司)成立。两家公司都为微软、SUN 等公司提供软件本地化服务(当时称"软件汉化")。1993 年是我国本地化服务行业元年,我国本地化服务行业从萌芽实现破土。

随着国际大型软件公司加快软件全球化的步伐,软件本地化服务需求不断提高,本地化服务行业也在不断探索中逐渐积累了技术和经验。1995 年到 2002 年,我国本地化服务行业进入了快速发展的"黄金时期",当今知名的中国本地化服务公司几乎都是在这一时期成立的。

1995 年,北京博彦科技发展有限公司成立(即现在的博彦科技股份有限公司)。1996年,深圳市博得电子公司(现博芬软件(深圳)有限公司)在深圳成立。1997 年,北京创思立信科技有限公司和北京天石易通信息技术有限公司在北京成立。1998 年,北京传思公司成立,2002 年,深圳市艾朗科技有限公司成立。此后,新成立的公司数量明显减少,2004 年中软资源信息科技技术服务有限公司在北京成立。2005 年北京新诺环宇科技有限公司成立(后被文思创新软件技术有限公司收购)。2007 年,国内第一家提供本地化和国际化服务行业培训的公司北京昱达环球科技有限公司成立。

这期间,许多国际知名的本地化服务公司涌入中国市场,先后在中国成立分公司或设立办事处。1996 年,ALPNet(奥立)在深圳成立分公司,成为第一家进入中国市场的本地化公司。1998 年,美国保捷环球(BGS)、美国莱博智(Lionbridge)和德国翻译技术工具开发商塔多思(Trados)公司在北京成立办事处。2000 年,英国思迪(SDL)公司在北京成立分公司。

国内本地化公司创业和发展初期,重心放在了加强企业内部管理,很少参与大规模的同行交流。1997 年,本地化行业标准协会(LISA)首次在北京举办本地化行业论坛,国内本地化公司首次在国内参加正式的国际交流活动,这一状况得到了改变。1997 年可以称为中国本地化行业交流的元年。

2009 年,中国翻译协会本地化服务委员会正式成立,标志着国内本地化服务行业结束了无序发展的状态,确立了中国本地化服务的行业地位。本地化服务委员会成立后,与中国翻译协会、本地化公司以及多所大学展开了一系列工作,使得我国本地化服务行业的面貌焕然一新。委员会通过多种方式,积极促进本地化在国内外的传播,促进了行业会议与专题沙龙的规范化与多样化、本地化和翻译专业人才培养的规范化与专业化,制定了行业规范促进本地化行业的规范化发展,并建立了语言服务业调研与报告机制。

随着全球经济一体化和区域化的深入发展,我国本地化的客户已经不仅限于国外跨国公司,国内高科技公司(如华为等)在国际化发展战略的推动下,提供了越来越多的本地化和国际化的新需求,创思立信和博芬等中国本地化公司走出国门,在海外开设分公司,实施国际化发展战略。

随着全球和我国经济贸易的深入发展,本地化服务行业将呈现爆炸式增长,翻译技术与范式日新月异,本地化服务行业将迎来机遇与挑战。为此,本地化服务行业需要始终追赶世界发展的步伐,挖掘国际和国内两个市场的本地化新需求,通过技术创新、管理创新、服务创新和商业模式服务创新,继续引领我国本地化服务行业向专业化和国际化发展。

6.6 译者必备的本地化软件

软件本地化包含文字翻译、软件编译、软件测试和桌面排版等多项工作,需要多种软件配合才能完成。主要包含操作系统软件、通用软件、专用软件。选择合适的软件,可以提高工作效率,创建符合行业格式的文件。下面将分类列举这些软件本地化时用到的软件。

1. 操作系统软件

操作系统是软件本地化项目实现的平台,它的选择必须符合本地化的软件要求。可能用到的操作系统包括:Windows,Macintosh,Solaris,Unix 和 Linux。其中,Windows 操作系统应用最为普遍。Window 操作系统分为不同语言的不同版本。在东亚语言的软件本地化中,分为简体中文、繁体中文、日文和韩文。目前常用版本包括:Windows 7,Windows 8,Windows 10 等。根据软件本地化的需要,可能要安装相应的软件补丁程序(Service Pack)。在局域网中,要安装服务器版本或客户端版本的操作系统。与 Windows 操作系统紧密相关的是浏览器。某些本地化的软件对浏览器的类型和版本有特定的要求。例如,要求必须安装 Internet Explorer 8.0 等。

2. 通用软件

通用软件完成软件本地化的文档处理和通信交流。选择的原则是:满足软件本地化的格式要求,操作简便,提高工作效率。常用的文档处理软件包括:

(1)文字处理软件

文字处理是软件本地化的主要内容之一。各种本地化软件包的文档都是使用文字处理软件编写的。常用的软件本地化文字处理软件包括:Microsoft Word、Windows 记事本、Ultra Edit。

(2)表格处理软件

在软件本地化过程中,表格处理软件用于提交完成的任务。例如,软件测试结果、生成的术语表等。常用的表格处理软件是 Microsoft Excel。

(3)数据库软件

数据库软件用于公司内部通信和文档管理,也用于管理本地化软件测试中发现的软件缺陷(Bug)。此外,某些软件的运行需要数据库的支持。软件本地化中常用的数据库软件包括:Microsoft Access,Lotus Notes 等。

(4)压缩/解压缩软件

为了减小文件本身大小,便于文件传输,软件本地化的许多文件需要使用压缩软件压缩,用户在使用这些文件前需要使用相同的软件解压缩。常用的压缩软件为 WinZip。

(5)文档上传/下载软件

在软件本地化过程中,软件开发商和本地化服务商之间需要相互提供和提交各种类型的文件,包括各种本地化工具包,源语言软件程序,本地化任务的结果等。为了便于文件管理,增强安全性,提高文件传输速度,需要在项目规定的 FTP 服务器上通过文档传输软件完成。常用的文件传输软件为:CuteFTP,WS_FTP 等。

(6)屏幕捕捉软件

软件测试和文档排版都需要捕捉软件运行的屏幕画面,保存为图像文件,例如软件启动窗口,软件的用户界面(菜单、对话框等)。捕捉方式包括:全屏幕、当前活动窗口和局部窗口。为了准确获得这些画面需要使用屏幕捕捉软件,常用的软件是 SnagIt。

（7）图像处理软件

为了满足本地化图像的格式,需要处理屏幕捕捉的图像,例如,圈定错误的内容,修改图像内容、改变图像存储格式。这些工作需要使用图像处理软件,常用的图像处理软件包括:Adobe Photoshop,Paint Shop Pro,Windows 画图等。

（8）比较文件和文件夹软件

软件本地化过程中经常要比较文件和文件夹的内容。例如比较源语言软件版本和编译后的本地化软件版本的文件夹,查看哪些文件本地化后发生了改变。有时要比较不同版本的同一个文件的内容有何变化。这些工作需要使用文件和文件夹比较软件进行,常用的软件为 Windiff。

（9）文件合并与分割软件

软件本地化项目如何处理大的文件呢? 例如,源语言软件、编译后的本地化软件。为了提高传输可靠性,方便文件下载使用,需要使用文件分割工具先把大文件分割成多个小文件分别传输。接收端用户下载这些小文件后再使用文件合并工具合并成原来的大文件。一般文件分割和合并采用相同的软件,例如,MaxSplitter 等。

（10）磁盘分区备份软件

软件本地化经常要在不同操作系统上进行测试,例如,Windows 7,Windows 8,Windows 10 等。为了减少重复安装操作系统的时间,需要备份已经安装的操作系统,便于需要更换操作系统时,很快恢复备份的操作系统。要完成该要求,最常用的软件是 Norton Ghost。

（11）计划管理软件

软件本地化的项目计划管理是十分重要的工作。为了明确项目的时间进度、资源分配、工作任务等内容,大型软件本地化项目计划的创建和更新需要专业计划管理软件完成。目前使用较广泛的是 Microsoft Project。

（12）通信交流软件

软件本地化项目实施过程中需要通常的信息交流。不仅包括本地化服务商内部的各个功能小组成员的内部交流,也包括本地化服务上的项目管理人员与软件开发商之间的外部交流。除了电话联系,电子邮件是常用的交流工具,但是对于某些时效性比较强的问题,经常使用实时在线交谈软件。通常内部交流可以采用的软件是 Lotus Notes,外部交流是 Microsoft Outlook Express,而实时在线交谈的软件是 Microsoft MSN Messenger, AOL Instant Messenger。

3. 专用软件

（1）翻译记忆软件

为了提高软件翻译的效率和质量,软件本地化的翻译任务经常采用翻译记忆软件。当前,软件本地化行业最常用的翻译记忆软件是 SDLTrados,Transmate。

（2）资源提取软件

源语言软件的界面（菜单、对话框和屏幕提示等）的字符需要使用资源提取工具,将这些需要本地化的字符从资源文件中提取出来,然后进行翻译。常用的资源提取软件包括:Alchemy Catalyst 和 Passolo。

（3）桌面排版软件

本地化项目中,各种印刷材料（软件用户手册、安装手册等）需要先使用专用桌面排版软件处理,然后才能印刷。常用的桌面排版软件为:FrameMaker,CorelDraw,Illustrator,Freehand。

(4)资源文件查看和编辑软件

为了修复本地化软件的缺陷(Bug),经常需要先打开各种本地化资源文件进行编辑,例如动态连接库文件(dll)。打开这些资源文件常用的软件包括:Microsoft Visual Studio,Microsoft Visual Studio. Net,Ultra Editt 和 LXP UI Suite 等。

(5)文档格式编辑软件

翻译在线帮助等文档时,经常需要进行文档格式转换,以符合软件本地化的要求。常用的文档格式编辑软件包括:Help Workshop,Html Workshop,Html QA。

(6)自动测试软件

自动测试在软件本地化过程中占有重要的位置。根据软件的特点和本地化的需要,需要选用专用自动测试软件,运行开发的测试脚本程序进行软件自动测试。常用的自动测试软件是 Silk Test。

(7)其他根据软件本地化要求开发的工具软件

为了满足软件本地化项目的要求,在没有合适的通用软件的前提下,必须开发专用工具软件。例如,为了编译软件本地化版本,需要开发编译环境所需要的各种脚本处理程序。

6.7　本地化服务中的翻译技术与工具[①]

本地化服务范围是动态发展的,典型的本地化服务包括软件本地化、游戏本地化、多媒体本地化、移动应用程序本地化、桌面排版、项目管理等。

在产品本地化过程中,翻译是本地化的核心任务之一,为了更好地完成翻译任务,从技术方面来说,通常需要进行本地化工程分析(Engineering analysis)、预处理(Pre-process),翻译任务完成后,要进行后处理(Post-process)。下面以软件本地化为例,以本地化翻译为焦点,论述本地化服务中本地化工程分析、预处理、翻译、后处理等本地化流程中翻译技术与工具的应用。

1.本地化工程分析的技术与工具

本地化工程分析是根据项目需求和范围,在为后续的本地化翻译工作做准备的同时,将工程技术工作分解成工作活动,并按工作活动评估工作量大小的一组工作。本地化工程分析的主要目的是:从技术上分析本地化的可行性,制订本地化技术策略,确定本地化包(包括本地化文件集、本地化指南、本地化工具、本地化参考材料等)。

本地化工程分析的技术主要包括提取本地化资源文件的技术、文本字符统计技术。软件本地化工程分析使用的工具与编程语言和编程环境有关。如果软件的国际化设计良好,本地化资源文件可以在软件开发过程中将资源文件与软件代码隔离和独立。如果软件的国际化设计不良,则需要单独编写从软件代码提取软件资源文件的工具。为了便于软件工程分析,合理地完成工程任务分解(WBS),制订本地化工程项目进度表,可以使用 Microsoft Project 软件。统计字数的工具很多,例如 SDL Trados,memoQ,Wordfast 等 CAT 工具,都具有文件字数统计功能,而且可提供文件文本内容与翻译记忆库的匹配信息。

---

① 参见 Transmate 计算机辅助翻译 http://www.urelitetech.com.cn[2017 - 05 - 07].

2. 本地化预处理的技术与工具

本地化预处理的目的是向翻译人员提供方便翻译的文件包,预处理的文件对象是软件的用户界面资源文件、软件联机帮助、用户手册、市场材料等。预处理的工作内容主要包括:文件格式转换、文本提取、文本标注、译文文本的重复使用。

预处理的技术包括光学字符识别技术(OCR)、文本提取(Extract)、文本标注(Markup)技术和翻译记忆(Translation Memory)技术,每种技术都可以选择多种工具完成相应的工作。下面介绍本地化预处理中的技术和工具。

光学字符识别技术是通过识别软件将图像中的文字转换成文本格式,供文字处理软件进一步编辑加工的技术。例如,为了翻译 PDF 文件,可以使用 Abbyy FineReader,Solid Converter 等工具,将 PDF 文件转换成 DOC 文件。

文本提取包括 4 个方面的技术:

(1)从可以本地化的文件中使用软件将需要本地化的文本提取出来,如从视频或音频文件中将语音转化为文本。在各种语音识别工具当中,国内科大讯飞的语音识别工具较有影响力。

(2)将图像中的文字提取出来,如使用 Text Catalo Tools 抽取 FLA 文件中的文字。将 Adobe Photoshop 设计的 PSD 格式图像文件中的文字转换成 TXT 格式,需要开发或选择定制的工具。

(3)将包含重复句段的句子从一批文件中提取出来,如使用 SDL Trados Studio、memoQ 等计算机辅助翻译工具。

(4)将文件中的术语文本提取出来,如使用 SDL MultiTerm Extract。

文本标注包括三个方面的技术:

(1)采用软件将文件中不需要翻译的文本进行样式转换,如将不需要翻译的标签(Tag)变成隐藏格式,可以使用 SDL Trados 将 HTML,XML 等文件中的标签隐藏,也可以通过编写 Word 的宏对文件的标签进行转换,如将标签转换为 twin4External 样式。

(2)将需要翻译文件的术语译文复制到文件中,可以使用"火云译客"的"术语标注"工具。

(3)将翻译过程中需要特别处理的文本添加注释文字,如使用 SDL Trados,Passolo,Alchemy Catalyst 等工具,它们都具有添加注释的功能。

译文的重复使用(Leverage)是将以前已经翻译的内容导入需要翻译的文件中,保持译文的一致性、准确性,减少翻译工作量,降低成本,缩短翻译时间。翻译记忆技术是译文重复使用的最主要技术,通过翻译记忆软件将以前翻译过的译文从翻译记忆库中自动提取出来,复制到当前译文中。翻译记忆技术是计算机辅助翻译软件的核心技术之一,如 SDL Trados,Alchemy Catalyst,memoQ,Wordfast,VisualTran,Transmate 等,都是支持翻译记忆技术的计算机辅助翻译工具。翻译记忆技术使得译者可以重复利用之前翻译的内容,动态更新翻译记忆库的内容,保持翻译的准确性,提高翻译的效率。

预处理阶段还可能用到的技术包括语料对齐技术,将以前翻译过的源文和译文分割成多个翻译单元,导出为翻译记忆库文件,供预处理使用。对齐工具可以是 CAT 软件内部嵌入的(如 SDL Trados 带有对齐工具 WinAlign),也有独立运行的(如 Transmate 语料对齐工具)。

3. 本地化翻译技术与工具

本地化翻译执行过程中使用的翻译技术包括可视化翻译技术、翻译记忆技术、机器翻译技术、术语管理翻译技术、质量保证技术。

可视化翻译技术使得译者可以在使用翻译软件的用户界面(UI)文本时,实时看到翻译的原文和译文在软件运行时的语境信息(位置、类型等),避免翻译的"黑盒困境"。当前软件本地化翻译工具都具有可视化翻译功能,如 Alchemy Catalyst,SDL Passolo,Microsoft LocStudio 等。图 6-1 是使用 Alchemy Catalyst 翻译某 Windows 应用软件的对话框中的按钮"OK",由于译者看到"OK"是对话框中的按钮的文本,就可以确定将其翻译为"确定"。

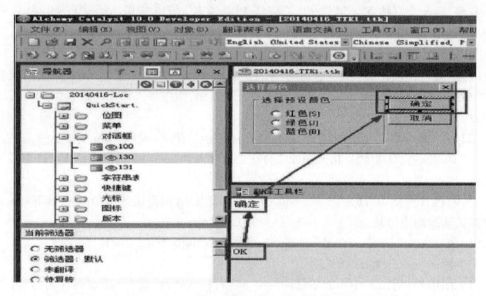

图 6-1　Alchemy Catalyst 软件可视化翻译软件对话框的文本

机器翻译技术可以快速获得译文,为后续的译后编辑提供处理对象,提高翻译效率,满足客户对信息获取的即时要求。机器翻译工具可以分为独立式和嵌入式两种。独立式机器翻译是独立运行的系统;嵌入式机器翻译是通过开放应用程序接口(API),在计算机辅助翻译工具中调用机器翻译系统的译文,如 SDL Trados,Kilgray MemoQ 都集成了调用机器翻译 API 的功能。

术语管理技术使译者有效地完成术语的抽取、翻译、修改、存储、传输等工作。术语是本地化翻译需要重视的内容,在翻译过程中,译者在句段(Segment)级别借助术语管理工具动态,获得当前句段的术语及译文,并且可以方便复制到当前译文中。在翻译过程中可以随时将新术语和译文添加到术语数据库中。本地化翻译的术语工具较多,分为独立式和集成式两种。独立式术语工具是单独安装和运行的术语管理工具,在翻译过程中可以与计算机辅助翻译工具配合使用,如 SDL MultiTerm。集成式术语工具是将术语管理的功能与翻译记忆功能合二为一,成为计算机辅助翻译工具的功能之一,如 Wordfast,Dejavu,memoQ 都是把翻译记忆和术语管理功能集成在一个软件中。

质量保证技术提高了译文质量评测的客观性、一致性和效率,可以预防本地化的缺陷,改进本地化过程。使用质量保证工具可以在翻译过程中和翻译完成后自动化地获得译文中的错误和警告信息,包括漏译、翻译不一致、格式错误等。本地化翻译中的质量保证工具包括独立式和集成式两种。独立式质量保证工具包括 ApSIC Xbench, D. O. G. ErrorSpy, Yamagata QA Distiller, Palex Verifika 等。集成式质量保证工具将译文质量检查功能集成在计算机辅助翻译工具中, 如 Trados, Wordfast, Dejavu, memoQ 都具有质量保证功能。

在本地化翻译过程中, 为了提高翻译效率, 还可能使用句段翻译状态过滤功能, 例如只显示未翻译的句段, 或者只显示已经审校的句段。为了加快翻译时的键入速度, 有些软件支持自动提示(AutoSuggest)功能, 例如译者在输入了"Inter"后, 在输入位置软件会自动提示"International"和"Internationalization"等列表, 供译者快速选词。SDL Trados 工具具有这些功能。

4. 本地化后处理的技术与工具

本地化后处理的目的是将翻译人员完成的翻译文件进行处理, 提供符合本地化要求的目标语言的文件, 并且生成本地化产品的过程。后处理的文件对象是本地化的软件用户界面资源文件、软件联机帮助、用户手册、市场材料等。软件本地化后处理的工作内容主要包括: 格式验证、控件调整、提取译文、文件格式转换、版本编译、软件测试、修正缺陷等。

本地化后的文字可能比源语言文字长度增加(字符扩展), 通常一个英文单词翻译成 1.7 个汉字, 所以, 翻译后的软件用户界面文字可能因空间尺寸或位置问题, 无法完整显示。格式验证是对本地化翻译后的文件进行格式检查和修改。常用的格式验证工具包括 Alchemy Catalyst, SDL Passolo, Microsoft LocStudio 等, 这些软件可自动验证本地化翻译过程中引入的各种错误, 例如, 热键重复、热键丢失、空间重叠、空间文本显示不完整、译文不一致。图 6 - 2 是使用 Alchemy Catalyst 工具的"Validate Expert"功能对本地化文件中的"Export Image Setup"对话框控件进行验证, 显示在"Result"窗口中的验证, 结果发现了以下错误:

(1)翻译后丢失了热键;

(2)控件文本被截断(控件文字显示不完整);

(3)控件重叠。

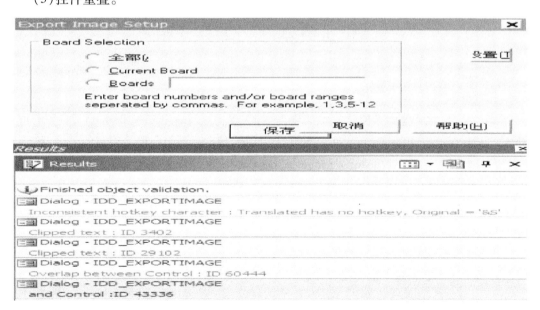

图 6 - 2　Alchemy Catalyst 的"Validate Expert"的验证结果窗口

控件调整是借助可视化软件本地化工具(如 Alchemy Catalyst)对验证发现的控件大小和位置错误进行修改的过程。例如图6-2中的控件被截断、控件重叠等错误,可以手动调整控件的尺寸大小和位置,使控件以正确的方式显示。

提取译文是使用计算机辅助翻译工具将双语文件导出为译文文件的工作,根据使用的工具不同,执行各自的提取工作。Alchemy Catalyst,SDL Passolo,Microsoft LocStudio,SDL Trados 等软件都可以提取或导出为目标语言文件。

提取的本地化文件,如果预处理时进行了格式转换,则后处理需要再次进行格式转换,还原为原来的文件格式。如将DvC文件转换为PDF文件。将预处理中提取的文本翻译后,使用特定的工具导入到源文件中。例如,将从AdobePhotoshoA的PSD文件抽取的文本,翻译后导入到PSD文件,生成本地化后的PSD文件。

对于软件、网站、游戏等类型的本地化对象,需要本地化的内容在得到本地化的文件后,还需要通过版本编译(Compile)的软件工程技术生成本地化的产品,如本地化的软件安装程序、网站、游戏。软件本地化编译的工具可以是源语言软件的编译工具,也可以是软件工具定制编写的本地化编译工具。对于视频、音频和人机交互的电子学等材料还需要进行音频导入,字幕层导入,时间轴调整,语音、文字和视频合成等技术,以获得本地化的产品。视音频编辑工具包括 Adobe Premier Pro,Adobe Captivate 等。

编译后的本地化产品(如软件、游戏、网站等)可能含有一些本地化缺陷(Bugs),需要执行测试,以发现和报告缺陷。本地化测试技术包括测试设计技术和测试执行技术,前者包括测试用例设计、测试脚本设计等,后者包括测试环境搭建、测试用例执行、缺陷报告与跟踪等工作。测试工具包括商业测试工具(如 HP QTP),也包括开源的测试工具,如缺陷管理工具 Bugzilla,还包括各公司定制开发的工具。缺陷修正是对测试发现的缺陷进行验证、定位、修改的技术。如果缺陷是功能失效,则通过使用源软件开发工具(如 VisualStudio,Eclipse)修改软件代码实现,对于错译、漏译和用户界面显示等翻译问题,可以使用计算机辅助翻译工具(如 Alchemy Catalyst,SDL Passolo)直接修改。

6.8　主流本地化工具介绍

1. Passolo

(1)简介

Passolo 是一款功能强大的软件本地化工具,它支持以 Visual C++,Borland C++和 Delphi 语言编写的软件(.exe,.dll,.ocx)的本地化。以往针对这两种不同语言编写的软件,我们大多需要分别使用 Visual Localize 和 Language Localizator 来进行软件的汉化。而现在,Passolo 把二者的功能结合在了一起,并且性能稳定、易于使用,用户既不需要进行专门的训练,也不需要丰富的编程经验,在本地化的过程中可能发生的许多错误也都能由 Passolo 识别或自动纠正。

Passolo 可以以单独的应用程序运行或与 Trados 和 MultiTerm 等其他 SDL 产品集成使用,将改进人工和自动化本地化工作流程。

（2）功能

作为专业性的本地化工具，Passolo 的功能主要包括：

——支持 VC 软件新旧版本套用资源或字典的翻译汉化；

——支持 Delphi 软件使用专用/通用字典翻译汉化；

——利用已有的多种格式的 Passolo 字典对新建方案进行自动翻译；

——对 VC，Delphi 软件都支持标准资源的可视化编辑；

——使用 Passolo 自带的位图编辑器可以直接对图片资源进行修改；

——可以把目标资源导出后借用外部程序翻译后再重新导入。

Passolo 自带了 XML，NET，VB 和 Java 等数种插件（Add-in），专业的编程人员可以借用它们对相应的资源文件进行本地化编辑。

具体来说，其产品优点主要包括几个方面：

①速度

加快了软件本地化流程的速度。译员可直接通过 Passolo 易于使用的环境访问内容。Passolo 不要求译员具备技术和编程经验，使翻译毫无后顾之忧，因为翻译流程不影响环境代码。

②准确性

Passolo 的核心是全面的 QA 检查功能，使其能够提交准确而一致的软件项目。通过集成访问 Trados 软件，Passolo 可重复使用之前的翻译，确保翻译和术语的一致性。

③控制

Passolo 提供了全面的文件格式，使用户在相同的环境下接受何软件项目。此外，借助全面的项目管理功能，只需数次单击即可访问以前项目版本的功能，Passolo 集成了简化项目控制所需的全部工具。

④兼容性

除全面的文件格式外，Passolo 也与最新的 Microsoft 技术、文件过滤器和语言兼容，用户可获得最大程度的灵活性，能够处理任何类型的软件项目。

（3）系统要求

Passolo 支持 Microsoft Windows XP，Windows Vista，Windows 7 和 Windows 8 系统。建议的最低硬件要求为 1 GB RAM，屏幕分辨率为 1 280 × 1 024 且基于 Pentium Ⅵ的计算机。若要获取最佳性能，建议使用 2 GB RAM 和较新的 Pentium 或兼容的处理器。

（4）用途

Passolo 是当前世界上最流行的软件本地化工具之一。它支持多种文件格式：可执行文件、资源文件和基于 XML 的文件。文本可以被翻译为多种语言，包括亚洲语系以及书写方式从右向左的语言，比如希伯来语和阿拉伯语。

Passolo 非常易于使用和易于优化本地化过程。使用者既不需要大量的时间也不需要昂贵的培训费用，更加不需要任何的编程经验。软件本地化工作可以在不接触源代码情况下完成，甚至可以在软件的最终版本产生之前就可以开始软件本地化工作。

Passolo 能保证翻译数据编译、交换和处理的易用性。它的模拟翻译功能会在实际翻译之前检查软件是否适合被本地化。

Passolo 包含多样的所见即所得(WYSIWYG)编辑器来处理软件的用户界面。包括对话框编辑器,菜单、位图、图标和鼠标指针编辑器。而且用户界面的处理非常的安全,绝对不会意外删除或者改变现有的元素和结构。

利用内部翻译记忆技术,Passolo 可以重复使用现有的翻译资源。即使程序没有用 Passolo 翻译,它也能使用其中的文本进行新项目的自动翻译。模糊匹配技术能同时搜索类似和精确匹配的文本,从而能提高翻译效率并缩短翻译周期。

软件本地化是个庞大的工程,其中显然会有很多的专家,每个人都会有他喜欢的工具。Passolo 能够和所有的主要翻译记忆系统交换数据,并且支持常用的数据交换格式。

它的质量检查模块可以检查文本的拼写,自动识别截断或者重叠的文本,以及不正确的快捷键。很多本地化过程中的潜在错误可以被避免或被 Passolo 识别出来。

Passolo 包含了 VBA 兼容脚本引擎并且支持 OLE。随时可用的宏(可以免费下载得到)能够大大方便 Passolo 的使用。使用整合的 IDE,客户可以开发他们自己的本地化解决方案以适应特定的软件需求。

(5)Passolo 版本

①Professional 版本

作为独立的解决方案,Professional 版本特别适用于大中型项目的本地化工作。借助翻译记忆库系统和术语数据库的附加功能,用户可将翻译数据导入到外部程序,以便翻译相关手册和在线帮助。

②Team 版本

Team 版本可创建和管理一定数量的翻译捆绑包。用户可使用免费的 Translator 版本处理这些翻译捆绑包。通过单个 Team 版本许可,用户可以将整个项目(包括调整和测试对话框布局的任务)委派给外部翻译员。有三种不同的 Team 版本可供选择,具体取决于用户需要管理的翻译捆绑包数量。可以选择 5 个、10 个或无数个捆绑包。

③Collaboration 版本

这款最高级的 SDL Passolo 版本能支持并加快与敏捷开发流程相关的工作流。该版本使得本地化团队能将客户源文件的改动及时反馈给译员——避免了在同步更新中产生的时间和成本问题。

④Passolo Essential 版本

在最新版本的 Trados 中,SDL Passolo Essential 版本属于包含在其中的应用程序。此版本可让用户创建和翻译项目,并生成经过本地化的目标文件。但是,有一些功能受到限制,例如没有 QA 检查功能、不能利用以前翻译的内容,并且在每个项目中只能使用一种目标语言。

⑤Translator 版本

Translator 版本是一款可从网站免费下载的编辑器。它允许译员编辑由 Team 版本所创建的捆绑包。它不能分析源文件或生成目标文件,但可提供所需的其他所有功能。

⑥自定义版本

可完全自定义 Passolo 的功能,并进行修订和改进。核心概念就是 Passolo 是一种 COM 对象,其中包含完善的对象模型和内置 VBA 兼容性脚本运行引擎。用户可获得定制的本地化解决方案。

2. Alchemy Catalyst

（1）简介

Alchemy Catalyst 是一款功能丰富、使用简便、扩展性强的可视软件本地化工具，它支持多种资源文件格式，比如常见的 ＊.exe，＊.dll，＊.ocx，＊.rc，＊.xml 等，遵循 TMX 等本地化规范，具有自定义解析器的功能，在软件资源（Resource）文件本地化翻译和工程处理方面发挥着积极的作用。

（2）特色

Alchemy Catalyst 的特色包括：方案以资源树的方式显现；与 LocStudio 一样也支持"伪翻译"；支持.rc 文档的可视化编辑；可以在不建立方案的情况下直接对某个资源文件进行操作；支持利用字典自动翻译，提供外挂字典功能；可修改图片及图片组；可以自如地建立、维护、导入、导出字典文件；对于新版本的文件可以快速更新翻译。

虽然 Alchemy Catalyst 主要用于 VC 编写软件的本地化，但是利用插件也能实现 Delphi 编写软件的本地化。更为重要的是，Alchemy Catalyst 可以可视本地化位图、菜单、对话框、字串表、版本信息等标准资源。这就意味着，在 Alchemy Catalyst 的集成本地化环境（ILE）中，本地化人员能够预览到软件已经本地化的界面。Alchemy Catalyst 还具有一系列被称为专家的工具，它可以帮助本地化人员快速地完成软件的本地化过程。总之，Alchemy Catalyst 提出了一套关于软件的可视本地化的完整解决方案，无论是商业用户还是个人用户都能从中得到完全的需要。

（3）主要功能

①Leverage Expert——重用本地化翻译资源

Alchemy Catalyst 使用"重用专家（Leverage Expert）"对以前本地化翻译的内容进行重复使用，在软件资源文件更新后，可以将以前版本本地化翻译的内容导入，提高了本地化效率，保持本地化翻译的一致性。

Alchemy Catalyst 支持多种格式的翻译内容的重用，例如可以从先前翻译的工程文件（TTK）中导入翻译的内容，也可以从纯文本术语文件（TXT）、翻译记忆交换文件（TMX）和 Trados Workbench（TMW）中导入先前翻译的内容。

在重用翻译内容时，可以设置重用的具体选项和对象类型，可以设置模糊匹配的百分比，并且可以创建重用结果报告。

软件本地化通常与软件的开发过程同步进行，需要本地化的软件资源文件会经常更新，为了提高本地化效率，需要最大限度地重复使用先前版本已经翻译的资源文件。经过重用处理，工程文件中只剩下新增和更新的内容，供本地化翻译人员本地化翻译处理。

②Update Expert——更新资源文件

如前文所述，由于源语言不断推出新版本，本地化项目需要经常处理这种更新。除了使用前面的"重用专家"，对于更新较少的源语言的资源文件可以使用 Alchemy Catalyst 的"更新专家（Update Expert）"进行处理。

使用"更新专家（Update Expert）"，可以将源语言更新的一个或多个资源文件导入到已经翻译的项目文件（TTK）中，已经翻译的内容保持不变，更新处理后得到需要本地化翻译处理的新版本的项目文件。

"更新专家(Update Expert)"特别适用于只更新了个别资源文件或较少的更新内容的情形。它不需要创建最新的源语言项目文件,然后再使用"重用专家"进行处理,处理步骤更简洁、更高效。

③Translator Toolbar——本地化翻译

Alchemy Catalyst 使用工程(Project)文件(扩展名.TTK)组织各种本地化资源的文件。在客户提供的源语言的工程文件中,可能包含了多种类型的资源文件,例如,扩展名为.RC 的原始文本格式文件,扩展名为.DLL,.EXE 等的二进制格式文件。

本地化翻译工程师有多种翻译这些工程文件的方法,可以根据本地化项目的需要、翻译工程师的使用习惯进行选择合适的翻译方法。

第一种方法,直接在下载免费的 Alchemy Catalyst Translator/Lite Edition 版本(不需要加密狗 Dongle)以所见即所得(WYSIWYG)的方式直接翻译。Alchemy Catalyst 提供了翻译工具栏(Translator Toolbar),可以方便地进行翻译,采用源语言与目标语言对照的可视化方式或文本方式。在翻译的过程中,由于 Alchemy Catalyst 支持多种格式(TXT,TMX 等)的术语,所以在翻译过程中,软件自动从术语文件中搜索并且显示翻译的内容供参考。在翻译的过程中可以对翻译单元添加各种标记,例如锁定、预览、确定等。使用各种跳转按钮在翻译单元中跳转。

第二种方法,使用 Alchemy Catalyst 的抽取术语(Extract Terminology)的功能将工程文件转换成纯文本格式(TXT)、翻译记忆交换格式(TMX)或塔多斯(Trados Workbench)形式,然后使用 Trados Workbench 翻译,完成翻译后再利用 Alchemy Catalyst 的重复利用(Leverage)功能将翻译的内容导入到源语言的工程文件中。这种方式的优点是可以充分使用计算机辅助翻译软件(Trados)的功能,缺点是没有可视环境,可能影响翻译的准确性。为了达到本地化翻译的较好效果,建议直接在 Alchemy Catalyst Translator/Lite Edition 版本上进行本地化翻译。

④Pseudo Translate Expert——伪翻译专家

源语言资源文件的伪翻译(Pseudo Translation)是软件国际化设计的重要内容,它选择一种本地化语言模拟本地化处理的结果。可以在不进行实际本地化处理之前预览和查看本地化的问题。通过伪本地化翻译,可以发现源语言软件的国际化设计错误,方便后续的本地化处理错误,提高软件的可本地化能力。

经过伪本地化翻译处理,可以在软件本地化之前发现硬编码错误,调整控件的大小,减少后续本地化过程的修改软件代码和调整控件的任务。

⑤Validate Expert——验证本地化资源文件

资源文件本地化翻译后可能会带来一些本地化错误,例如,控件的大小和位置错误,丢失热键(Hotkey),可以使用 Alchemy Catalyst 的"验证专家(Validate Expert)"进行检查,然后改正。

验证专家可以检查各种类型的本地化处理错误,例如,热键重复、热键不一致、控件重叠、控件截断、拼写错误等。

在编译软件本地化版本之前,使用验证专家检查、修正本地化错误,可以减少后续本地化测试报告的本地化缺陷数量,缩短了修正软件缺陷的时间,降低了本地化成本。

⑥Generate Report——生成字数统计报告

统计资源文件中新增和更新的字数数量是本地化项目管理的一项重要内容,它是本地化项目报价的根据,也是分配本地化翻译人力资源的依据。

在"Generate Report"对话框中,可以设置需要统计的资源项目(对话框、字符串列表、菜单或全部),选择报告的类型(精简型或详细型),字数统计以 XML 的类型自动生成。

⑦QuickShip Expert——打包项目文件

为了供本地化翻译人员翻译项目文件,需要向他们分发项目文件、术语表和其他附属文件,Alchemy Catalyst 使用"QuickShip"完成这些文件的打包,它将这些需要处理的文件生成一个自解压的可执行文件(EXE),称为"QuickShip Bundles"打包文件,方便向翻译人员分发翻译文件。

翻译人员接到打包文件后,打开文件自动解压缩到翻译人员的计算机上,使用免费下载的 Alchemy Catalyst Translator/Lite Edition 版本进行翻译。

使用打包功能,降低了分发各种翻译文件的难度,可以一次性地包含各种类型翻译文件,保证了翻译的完整性和准确性。

⑧Extract Terminology Expert——抽取本地化术语

术语(Terminology)管理是保证翻译准确性、一致性的重要内容,是翻译人员需要参考的主要文件。Alchemy Catalyst 提供较好的术语管理功能,可以随时从当前的项目文件中抽取本地化术语,自动生成多种格式的术语文件。

Alchemy Catalyst 支持的术语文件的格式包括以跳格键(Tab)分隔的纯文本文件(TXT)、符合翻译记忆交换标准的 TMX 文件和 Trados Workbench(TMW)文件。

第7章 桌面排版

7.1 桌面排版简介

桌面排版,也称为桌面出版系统,或者 DTP(desktop publishing)。它是集文字照排、图像分色、图文编辑合成、创意设计和输出彩图或分色软片于一身,是以往照相制版、电分制版,乃至整页拼版系统都无法比拟的。它为印刷、出版、包装装潢、广告设计等行业带来了光辉前景。一般意义上的桌面出版是指通过计算机系统进行文字编辑、版面设计和图形图像处理,并完成符合出版要求的排版工作。而具体到本地化领域的桌面出版,是指将采用某一语言的原始文档(如操作手册、产品样本、宣传单页等)按照一种或多种目标语言重新排版,形成不同语言版本。

7.1.1 现状趋势

现阶段的出版已经不单局限于以纸张为媒介的印刷出版,而扩展到更广泛的跨媒体出版,包括以 CD – ROM、互联网等为传播媒体的电子出版。

桌面排版(DTP)是近几年来发展非常迅速的新技术,它改变了传统出版的流程及工艺。DTP 是利用电脑进行创意设计,彩色图像处理和复杂的版面编排。也就是说所有的印前工作都可以丢掉纸和笔,并完全可以满足现代彩色出版的专业要求。

由于 DTP 将从原稿到出四色软片的所有印前工作都置于电脑之中,DTP 贯穿了从设计到印刷的所有环节,在电脑中用纯数学语言描述的电子页面,有别于将油墨高速印刷在纸张上这样一个物理过程,所以 DTP 将电脑设计人员推向了参与印刷制版的第一线。这就对电脑设计人员提出了更高的要求,要求他们除了有美术专业设计能力外,还要求其他知识,尤其是印刷中的分色、挂网、套印、拼版知识,等等,以便能够准确、真实地再现原稿。

7.1.2 服务范围

桌面排版服务包括页面排版、模板创建、图形本地化、硬拷贝和联机文件输出等。翻译专家网配置超强的软硬件系统,能够胜任 PC 和 Mac 上的众多图形图像软件和排版软件,包括 FrameMaker,PageMaker,InDesign,QuarkXpress,Illustrator,FreeHand,CorelDraw,MS Word,Powerpoint 等,可有效处理各种原文件。如利用 Framemaker,Pagemaker,Quark,InDesign,Illustrator,Photoshop 或 MS Word 等工具生成的文件,在翻译之后根据中国市场的独特要求重新排版或者按照客户要求进行排版,也可为客户提供针对本地市场及海外市场的多语种DTP 和桌面排版服务,涵盖简体中文、繁体中文、日文、韩文、英文、俄文、德文、法文、西班牙文、阿拉伯文、意大利文、蒙古文、越南文等多种语言以及包括藏文和维吾尔文在内的少数民族语言。

7.1.3 应用软件

常用软件版本如表 7 – 1 所示。

表 7 – 1 桌面排版常用软件版本

应用程序	平台	版本
Adobe InDesign	Win/Mac	CS2 – CS5
Adobe PageMaker	Win/Mac	7.0
Adobe FrameMaker	Win	6.0 – 9.0
Adobe Illustrator	Win/Mac	CS2 – CS5
Adobe Photoshop	Win/Mac	CS2 – CS5
Adobe Acrobat	Win/Mac	7.0 – 9.0
QuarkXPress Passport	Win/Mac	7.0 – 8.0
CorelDraw	Win	9.0 – 14.0
MS Office	Win/Mac	2003 – 2012

7.1.4 服务机构

桌面排版服务公司是按照客户要求进行桌面排版的营利性机构。目前国内从事 DTP 排版服务的公司有数千家,其中中译翻译公司、志远翻译社等数十家 DTP 翻译服务公司在服务质量上精益求精,积累了丰富的从业经验,业务涉及亚太、欧美等地区,在业界享有盛誉。

7.2 主要桌面排版软件介绍

下面就介绍 Adobe 旗下的几款主要桌面排版软件。

7.2.1 FrameMaker[①]

Adobe FrameMaker 是本地化桌面出版中应用最为广泛的页面排版软件。很多行业都采用 FrameMaker 编辑重要的、复杂的资料、档案,例如航空业的飞行手册、汽车业的零备件手册、金融业中的行情报告、高科技行业的技术资料、出版业中的书刊排版等。

1. 功能特点

FrameMaker 适合于处理各种类型的长篇文档。它具有丰富的格式设置选项,可方便地生成表格及各种复杂版面,灵活地加入脚注、尾注,快速添加交叉引用、索引、变量、条件文本、链接等内容。强大的书籍功能可以对多个排版文件进行灵活的管理,实现全书范围内

---

① 参见 http://www.adobe.com[2017 – 06 – 20].

页码、交叉引用、目录、索引等的快速更新。内置的、全面的数学公式功能方便进行各种科技类文档的处理。

FrameMaker 对 PDF 和高品质打印具有良好的支持,可以方便地将排版完成的文档生成适用于网上浏览的低精度 PDF、用于印刷的高精度 PDF 或者支持进行分色打印。配合 WebWorks Publisher 等辅助工具软件,可以快速地将 FrameMaker 文档转换为各种格式的 Help 在线帮助文档。FrameMaker 可以方便地实现跨媒体出版的多种应用。通过同一套文档的重复利用,极大地提高了工作的效率。

FrameMaker 还是一个操作简便的可视化标准通用标记语言、可扩展标记语言编辑器。它将功能强大的排版处理与标准通用标记语言、可扩展标记语言功能合二为一。在熟悉的字处理、样式标记模式下和在专门为有效的标准通用标记语言、可扩展标记语言编辑和生产而优化的完全结构化环境中,用户都可以享受到"所见即所得"的创作乐趣。

FrameMaker 能够与 Trados 的 S – Tagger 工具结合,把 FM 文件转换为 RTF 带标记的翻译文件,翻译人员配合 Trados 等翻译工具完成翻译工作,再转回到 FrameMaker 的自身 FM 格式。转换文件基本保持了原始文件的格式,在此基础上,只须按照目标语言的要求进行字体映射或重定义排式中有关字体的部分,再按照目标语言的特点重新定义交叉引用以及索引等格式,依照目标语言的习惯进行排版处理,更新整个 BOOK 文件,完成排版工作。对 FrameMaker 的排版流程,我们已经有一套非常完善的桌面出版流程。

FrameMaker 可以处理大部分的单字节文字(包括西欧、北欧等)以及中日韩等双字节文字。FrameMaker 7.1 版本可以处理的语言包括:美国英语、英国英语、加拿大英语、德语、瑞士德语、法语、加拿大法语、西班牙语、加泰罗尼亚语、意大利语、葡萄牙语、巴西语、丹麦语、荷兰语、挪威语、芬兰语、简体中文、繁体中文、日语、韩语等。最新版本是 FrameMaker 2017。

2. 系统要求

FrameMaker 可以运行在 Windows 和 Mac 两个操作系统平台,以 Windows 系统为主。

Windows:1.0 GHz 或更快的处理器,如:Microsoft Windows XP(带有 Service Pack 2,推荐 Service Pack 3)或 Windows Vista(带有 Service Pack 1,通过 32 位版本认证)或 Windows 7,512 MB 内存(推荐 1 GB);1.1 GB 可用硬盘空间;DVD – ROM 驱动器;1 024 × 768 的屏幕分辨率。

3. 使用技巧

(1)生成文档目录时,如何设置页码右对齐

处理的方法是:手工插入一个制表位,但这样在每一处目录处都要按一下 TAB 键,操作起来很麻烦。目录的样式设置在"参考页面"(reference pages)中设置好,自动更新就行,根本不用手工输入 TAB。

(2)文档中的表格无法任意拖动(只能左右移动,而无法上下移动)

表格相对来说任意拖动性不强。

(3)如何自动实现中英文混排

中文字符和西文字符使用不同的字体,在 Word 中很容易实现,在 FrameMaker 中没有找到相关的设置。针对西文字体的处理方法是:在有西文或数字字符的地方,采用字符样式。

（4）FrameMaker 中有"复合字体"的设置

使用"复合字体"（combined fonts）命令。

（5）如何在一个 fm 文件中，实现每一章的首页采用不同的排版方式

每一页都可以采用不同的主页，当然也包括首页。

（6）如何插入换行符号

按 Ctrl + enter。

7.2.2　FreeHand

FreeHand 是 Adobe 公司软件中的一员，简称 FH，是一个功能强大的平面矢量图形设计软件，无论要做广告创意、做书籍海报、机械制图，还是要绘制建筑蓝图，FreeHand 都是一件强大、实用而又灵活的利器。

1. 软件出品商

FreeHand 的最早开发者是 Altsys 公司。后来 Aldus 公司从 Altsys 公司手中购得，这样 FreeHand 和 PageMaker 同属于一家公司了。在 DTP 领域中，以 PageMaker 对 QuarkXpress，FreeHand 对 Adobe Illustrator 展开竞争。

1994 年 9 月，Adobe 公司并购了 Aldus 公司，PageMaker 持续发展至 Adobe Indesign 的出现。由于反垄断的裁决，FreeHand 则由 Macromedia 购得，继续和 Illustrator 竞争，开发至第 11 版（Freehand MX 2004）。Macromedia 公司总部设立在美国加州（加利福尼亚）三番市（旧金山），在全球 50 多个国家设有经营机构。Macromedia 公司在全球拥有 300 万开发和设计用户以及广大的行业合作伙伴网络，其丰富的客户机软件被 98% 的 Web 应用开发人员所广泛使用，是企业、政府和教育市场客户的战略性 IT 提供商。

2005 年 4 月 18 日，Adobe 公司收购 Macromedia 公司，Dreamweaver，Authorware 等软件同归 Adobe 公司。Adobe Systems 是一家总部位于美国加州圣何塞的电脑软件公司。公司由乔恩·沃诺克和查理斯·格什克创建于 1982 年 12 月，他们先前都曾任职于施乐公司的帕洛阿尔托研究中心，离开后组建了 Adobe 系统公司，使得 PostScript 页描述语言得到商业化应用。

Adobe 解决方案已成为数码成像领域的金科玉律。与此同时，Adobe Creative Suite 代表了下一代的设计和发布平台。Adobe 智能文档技术则推动着整个企业级文档服务领域的发展，帮助各种规模的企业优化和加速文档处理流程并进一步提高效率。

2. 产品介绍

通过 FreeHand 可以将您的设计能力发挥到极限。FreeHand 能在一个流畅的图形环境中替用户从概念顺畅地转移到设计、制作和进行最终部署提供所需的一切工具，而且整个过程都在一个档案中进行。缩减用户的创作时间，轻易地制作出可重复用于 Internet 的内容，建立新的 Macromedia Flash 内容以及其他格式。

目前 FreeHand 的最新版本为 FreeHand MX（11.02），是最强的三大平面软件之一，在软件界面的操控上，FreeHand 是最好的，包括鼠标中键平移、数字快捷键等。

FreeHand 11 英文版仍旧不支持中文排版，尽管中文版 FreeHand 做到了对中文字符支持，但是对于中文版界面的汉化粗糙问题严重影响了软件界面的美观程度，而且其稳定性

也让人担忧,导致许多人抛弃了作为功能专业界面汉化版的 HreeHand。

后来 Macromedia 被 Adobe 收购,就连 Adobe Illustrator 也不得不在新版本中也提供 FreeHand 文件兼容支持。由于 Adobe Illustrator 对 FreeHand 文件导入等支持,稳定了大批 FreeHand 老用户,特别是在苹果机上的专业设计用户大部分还是选择使用 FreeHand。

3. 主要功能

(1)设计能力方面

提供可编辑的向量动态的透明功能;放大滤镜效果可填入在 FreeHand 文件中任何部分上且可有不同的放大比率;设计者可以使用镜头效果以将整个设计区域变亮或变暗,或是利用反转以产生负片相反的效果。

(2)视觉化的工具

在工具列中,可以找到一个全新的自由造型工具,可以将一些基本图形用拖拉、推挤等方式产生我们想要的形态;如果设计者使用数位板,程序也能感受的电子笔的意图。

(3)特效及预设样式

在 FreeHand 提供的集合样式面板中可预设填色、笔刷、拼贴及渐层效果,包括圆形喷管、浮雕、阴影、镜像等。

(4)文字控制

包括字型预视、显示及隐藏、文字样式、大小写转换等。

(5)更高的效能

FreeHand 在新增的创造能力的同时产生更快速的工作效能;更快速的点阵图控制能力;快速预览模式让所有物件以最快速的方式呈现。

(6)自订使用者界面

包括自订工具列按钮;自订快捷键;预设一些应用程序快捷键等。

(7)与相关程序的兼容性好

FreeHand 能轻易地在程序中转换格式,可输入及输出适用于 Photoshop,Illustrator,CorelDraw,Flash,Director 等使用的文件格式。

4. 功能亮点

(1)多重属性

为用户的设计和插画添加更多视觉化艺术效果,针对单一向量或文字物件套用和设定无限数量的笔触、填色及特效属性。多重属性避免了使用堆叠重复物件来制作特定的外观,让更新变得更快、更简便,而且减少了要管理的物件。

(2)物件面板

用户可以运用 FreeHand 11 物件面板,集中在一个地方快速检查和更改物件和文字属性,如笔画、填色、字体或特效。此外,新的物件面板还提供特定对象的多个属性的堆叠控制,可产生无限的独特视觉外观。用户也可以在物件和样式面板之间进行拖放,来制作、编辑和重新定义图像与文字样式。

(3)即时特效

运用即时特效功能,将用户的创意发挥到极限。用户无须修改原始物件即可套用复杂的扭曲和特效。FreeHand 11 包含弯曲、草图和变形等向量特效及导角、阴影和透明度等点阵特效。物件面板中提供的全面排序控制,可让用户以任何顺序将特效套用到物件的所有或选定的属性上。

(4)即时编辑基本造型

快速简单地对矩形、椭圆和多边形进行整形,同时保持 FreeHand 11 图像基本造型的控制和可编辑性。用户可以轻易地将矩形角变成圆角或对它们进行凹凸混合,将椭圆变成弧,将多边形更改成可编辑节点数的星形。

(5)Macromedia Flash 整合功能

提升工作效率,简化 Macromedia Flash 项目的开发过程。在单一文件中规划、编排和设计整个项目。用户甚至能将更复杂的 Macromedia Flash 电影(SWF)汇入到 FreeHand 11 文件,并在重新汇出成 SWF 之前,将它们整合到用户的设计中,从而提升效率。置入的 SWF 档可以使用 Macromedia Flash 中全新的出版和编辑功能进行编辑。Macromedia Flash 还能打开和汇入 FreeHand 11 档案。

(6)动作工具

在物件、组件和网页之间拖放复杂的 Macromedia Flash 动作指令。用户可以指定简单的动作(如 Go To and Play 或 Go To and Stop)及更加复杂的行为(如 Get URL 或 Load External Movie)。

(7)连接画线工具

连接画线工具使用户能够快速绘制讯息架构图、数据流和网站地图,只需要拖放该工具即可设定物件之间的永久关系。连接画线样式能让用户充分自订连接线的外观,并迅速套用它们。

(8)创意功能

运用增强的工具和功能集,来实现用户的创意。使用立体化(Extrude)工具来创作精彩的 3D 外观。它具备完整的即时控制立体化属性,包括 3D 旋转、照明和共用消失点。用户可使用拖放混合(Blend)工具来建立和修改实时混合特效,或使用橡皮擦(Eraser)工具来轻松修改路径。此外,FreeHand 11 还提供 alpha 频道支持,可汇入位图。

(9)Fireworks 整合功能

运用增强的 Fireworks MX 整合简化用户的图形制作工作流程。按一下 FreeHand 11 物件面板发布和编辑汇入的位图档,在 Fireworks 中进行更改,然后回到 FreeHand 11,此时,用户的图像已经更新完成,并且不会失去套用到原始 FreeHand 11 图像的任何特效或变形。用户还可以直接在 Fireworks 中打开或汇入 FreeHand 11 文件,从而增进向量图和文字的可靠性及可编辑性。

5. 使用技巧

(1)FreeHand 中物体的造型工具

操作工具栏(Xtra Operations)——一些对对象的整形的高级命令。

分形化(Fractalize)——以数学公式,生成复杂而有趣的图案。

补漏白(Trap)——选取所需物体,一般情况下不要运用(用于防止两个图形之间由于误差而出现线)。

剪切(Crop)——保留与最前面一个图形交叉的地方,生成新对象。

透明(Transparency)——在重叠区生成新图形并以设定值生成中间值(前后两物体的中间色),原对象不变。

内嵌路径(Inset Path)——在原有路径上得到一条或多条向内或向外的路径。

扩充路径(Expand Stroke)——对一条路径使用此命令,得到等宽或加宽的可填充图形。

联合(Union)——保留所有图形并合为一个对象。

分割(Divide)——只要有交叉的全都分离成单个对象。

穿孔(Punch)——用选中的多个对象最前面对象将其后面的对象穿一个孔,生成新对象。

交叉(Intersect)——保留所有选中路径中的重叠部分,而将其他未重叠区删除。

混合(Blend)——可对两个或多个对象做混合命令(组合路径不能混合、开放与不开放路径不能混合、填充类型不一样不能混合,可对不同点做混合)。

简化节点(Simplify)——把选取的路径的多点删除。

去除重叠(Remove Overlap)——用来删除所选的一条封闭路径与自身重叠部分。

反向路径方向(Reverse Direction)——把选定路径的方向反向。

纠正路径方向(Correct Direction)——用来把默认路径(即对矩形、圆形、星形工具)进行顺时针的改正。

注释工具(Set Note)——用来对选取对象命名并加注解。

释放至层(Release To Layers)——用于将混合或是复合路径释放到层,用于动画居多。

浮雕(Emboss)——用以处理选定路径,使其具有浮雕效果。

增加节点(Add Points)——均匀地在其路径的每两个节点之间增加一个点。

(2)外挂工具栏(Xtra Tools)

弧线工具(Arc)——可以是开放、闭合、凹面、凸面。

鱼眼工具(Fisheye Lens)——生成自定值的凹陷或凸起效果。

三维旋转(3d Rotation)——使对象在三维空间变形。

拖尾工具(Smudge)——可用两次,可控制拖出的填充色和线条色。

弯曲工具(Bend)——增加一种外突或内陷的效果。

粗糙化工具(Roughen)——让所选对象的边缘粗糙化。

阴影工具(Shadow)——可得到硬边、软边及纵深阴影三种效果。

镜像工具(Mirror)——简单好用的功能,产生特别棒的效果。

图形水管工具(Graphic Hos)——将图形、混合体、文本、图像存储,再将它们像水龙头一样喷撒。

图表工具(Chart)——与外挂功能菜单中的图表命令结合运用。

连接——用来把两条开放路径连成闭合路径,或将多个物体制作成重合路径。

分离——用来把复合路径还原,但不能把所有颜色还原。

混合——对操作面板混合的进一步处理,把路径附连到其他路径,此命令与操作工具栏中的命令重合。

（3）特效菜单（Xtras）

图表——通过此子菜单命令可重新修改图表数据、样式、定义图案用于图表。

颜色——通过此命令可对对象的颜色进行进一步的控制。

删除——用于删除没用的颜色与空的文本框。

7.2.3　InDesign

Adobe InDesign 软件是一个定位于专业排版领域的设计软件,该软件是面向公司专业出版方案的新平台,由 Adobe 公司于 1999 年 9 月 1 日发布。它是基于一个新的开放的面向对象体系,可实现高度的扩展性,还建立了一个由第三方开发者和系统集成者可以提供自定义杂志、广告设计、目录、零售商设计工作室和报纸出版方案的核心。可支持插件功能。

目前最新的版本是 Adobe InDesign CC 2017,软件使用户能够通过内置的创意工具和精确的排版控制,为打印或数字出版物设计出极具吸引力的页面版式。在页面布局中增添交互性、动画、视频和声音,以提升 eBook 和其他数字出版物对读者的吸引。

1. 产品组合

（1）Adobe InDesign CS3

（2）Adobe InDesign Server

它支持 InDesign CS3 软件的所有核心功能,而且能够自动执行这些功能并将它们与其他业务应用程序集成在一起。

（3）Adobe InCopy CS3

它是一款专业的写作和编辑程序,与 Adobe InDesign CS3 软件紧密集成,可实现协作编辑工作流程。

（4）全新 Adobe InDesign CS4

它打破了在线出版与离线出版之间的障碍。创建引人注目的印刷版面,可在 Adobe Flash Player 运行时回放令人着迷的内容以及交互式 PDF 文档。

2. 简介

Adobe InDesign 是一个定位于专业排版领域的全新软件,虽然出道较晚,但在功能上反而更加完美与成熟。InDesign 软件大大优化了开发周期并且使 Adobe 可以快速推出平台。事实上,通过和 InDesign 沟通,一些第三方生产厂家和服务商发表了一些可以立即扩展 1.0 版功能的重要插件。目前有 9 个这样的方案已经出售,包括 Shade Tree 生产的 FR-MZ PS for InDesign,PowrTools 生产的 PorTable from 和 Virginia Systems 生产的 Sonar Bookends（r）InDex（tm）。

InDesign 博众家之长,从多种桌面排版技术汲取精华,如将 QuarkXPress 和 Corel—Ventura（著名的 Corel 公司的一款排版软件）等高度结构化程序方式与较自然化的 PageMaker 方式相结合,为杂志、书籍、广告等灵活多变、复杂的设计工作提供了一系列更完善的排版功能,尤其该软件是基于一个创新的、面向对象的开放体系（允许第三方进行二次开发扩充加入功能）,大大增加了专业设计人员用排版工具软件表达创意和观点的能力,功能强劲不逊于 QuarkXPress,比之 PageMaker 则更是性能卓越;此外 Adobe 与高术集团、启旋科技合作共同开发了中文 InDesign,全面扩展了 InDesign 适应中文排版习惯的要求,功能直逼北大方正集团(FOUNDER)的集成排版软件飞腾(FIT),可见,InDesign 的确非同一般。Quark 公司的 QuarkXPress(欧美大部分国家地区使用其)和北大方正集团(FOUNDER)的飞腾(FIT)在专业性能上比 PageMaker 更胜一筹,只是由于种种因素而使得这两种软件得不到广泛应用。例如,Quark 公司一直以来投放的重点不是中国国内,因此简体中文 MAC 版升级慢,PC 版本更是少见;而方正飞腾(FIT)主要是配合北大方正集团开发的另外一些软件专供报社、出版社等具有连贯性、系统性的大型机构,另外 FIT 的后端照排输出也有局限性,即 FIT 的 PS 文件只能在昂贵的方正 RIP 上输出,等等,所以普通用户才不得不使用升级快、输出方便但功能不能让专业人士满意的 PageMaker。

由于 PageMaker 是 Adobe 公司原先从 Aldus 公司继承过来的,其核心技术相对陈旧,存在许多缺点,单凭 PageMaker 击败 QuarkXPress 在印前设计专业领域长期占一席之地,显然是不可能的,于是 Adobe 公司另辟蹊径在 1999 年 9 月 1 日发布了一个功能更强大的排版软件,作为自从 2000 年以来来在排版领域受 Quark 公司压制的反击和完全实现其桌面出版系统龙头老大的位置,这个创新的排版软件就是 InDesign。

要介绍 InDesign 最简单的方法就是从三个 P 开始 Plug-in,Photoshop 和 PDF。

(1)Plug-in

这是近些年来软件发展的一大重点,目的是拓展软件的协同性(Collaboration)。原厂商会在软件上加入程序接口(Application Program Interface,API),并将连接的方法详尽及有系统地发布,这些接口程序称为 SDK(Software Development Kits),让其他开发商在软件上进行二次开发。这种方式能令软件更具生命力,和更配合用户的需要,在排版和图像应用软件中包括 PageMaker,Microsoft Office 及 Dreamweaver 等都具备类似的功能,QuarkXPress 和 Photoshop 的扩展软件就更是包罗万象。

但过去这些扩展软件的功能是非常有限的,许多时候只是接口上的改变又或者一些周边功能,例如特殊的图像处理效果、造表格、连接数据库,等等,甚少能影响核心功能的运作。但 InDesign 就采用类同互联网浏览器(Internet Browser)的设计方式,除却一个精简的核心程序,所有功能模块都以扩展软件形式加入,因此不但能够增加复杂的功能,甚至能够减少部分功能令软件更快速易用。事实上,Adobe 就利用 InDesign 的核心,减少复杂的排版和图像处理功能,改而加入流程管理,从而发展出建基于 InDesign 的另外两项产品——InCopy 和 InScope。

排版软件市场已经有好一段时间没有新产品了,就连比较重要的产品更新算来也已经是 1997 年的 Quark 4.0,中文版更来晚了三年,真有令人望穿秋水的感觉。从技术的眼光来看,排版软件就功能定位上较困难,从文字和图像处理、排版禁则、版面调配到印刷输出都包含在内,因此在 20 世纪 90 年代初的发展高峰期过后,排版软件已经扩展得非常庞大和复杂,但无论是本土开发或外国商业软件,由于根基和设计早已在 20 世纪 80 年代制定,经过多年的更新提升后,软件架构已经难以容纳新功能,每次更新都可能影响其他部分的原有程序运作,或最少令开发周期变得愈来愈长。

而 InDesign 的开放式设计就正好解决了这个问题,标志了排版软件的新方向。启旋科技开发的中文版就建基于扩展软件模块,并且逐步加入更多的扩展模块来配合不同的中文功能,例如制作表格、分类广告、数据库出版等等。

（2）Photoshop

Photoshop 和 InDesign 的关系是非常密切的。首先在接口设计上 InDesign 几乎和 Photoshop 完全相同，原来惯用 Photoshop 只要经过简单的培训，了解当中的差异和特性，就可以轻易上手。事实上 Photoshop 的接口，例如分层（Layer）的处理、同一档案多窗口和组合式 Palette 也获得一致好评，得到不少奖项，选择使用相同的接口，是 Adobe 正确的选择，为 InDesign 打好了用户基础。

InDesign，PhotoShop 和 Illustrator 的紧密整合令这些软件得以更深入的拓展和充分发挥各自的优势。在 InDesign 中不但可以调入其他软件来修改所处理的图像，置入图像也会显示最新的制作状态，更重要的是三个软件共享了核心处理技术，例如使用 Adobe Graphics Manager，令 EPS 图像达到真正的"所见即所得"，显示方面则采用了 Adobe CoolType 显示字体效果，并利用 RainbowBridge 对颜色进行精确的管理。这些核心技术确保工作流程更为顺畅和制作效果得到保证，不会在调入完成图档后始出现印刷和显示的问题，这都是其他排版软件难以望其项背的。

（3）PDF（Portable Document Format）

PDF 是目前出版业最重要的技术发展之一，特别在自动化流程管理和远程输出应用上，欧美地区已经普遍接受为标准。在实际应用方面 PDF 也确实是一个有效和稳定的方案。在亚洲市场方面，2001 年 Acrobat 5 推出，其解决了在旧版本中包括内码和字库等不少双字节和不同地区版本差异的问题，PDF 必将在中、日文市场起飞。InDesign 对 PDF 有极广泛的支持，无论输出和输入 PDF 档案都准确便捷，因此在配合 PDF 的普及发展下，InDesign 具有明显优势。InDesign 可以直接存储 PDF 格式，而不需要通过像 Acrobat Distiller 一样的中间程序；利用 PDF 输出令发排的速度更快，减低出错机会；并且可以控制图片压缩、字体转换和颜色变化的关键设置。

此外，InDesign 也加强了基本页（MasterPage）和字距调整的设定和许多图像功能，然而目的并不在于取代其他软件，但却有助于改善排版人员对页面的最后修正。而启旋的中文扩展软件也完全从中文版面要求出发，加入中文横排左右起、直排转换、避头点和避尾点、折题和纵中横、直接存取数据库、中文字段设定及表格等功能，令 InDesign 能真正向 QuarkXPress 挑战。

3. 图文特性

AdobeInDesign 是一个全新的，宣告针对艺术排版的程序，提供给图像设计师、产品包装师和印前专家。InDesign 内含数百个提升到一个新层次的特性，涵盖创意、精度、控制在当今的诸多排版软件所不具备的特性。例如：光学边缘对齐、高分辨率 EPS 和 PDF 显示、分层主页面、多级 Redo 和 Undo、可扩展的多页支持、缩放可以从 5% 到 4000%。

除此之外，InDesign 捆绑了 Adobe 的其他流行产品例如 Adobe Illustrator（r），Adobe Photoshop（r），Adobe Acrobat（r）和 Adobe PressReady（tm）。熟悉 Photoshop 或者 Illustrator 的用户将很快学会 InDesign，因为他们有着共同的快捷键。设计者也可以利用内置的转换器导入 QuarkXPress（r）和 Adobe PageMaker（r）文件以实现将现有的模版和主页面转换进来。

4. 产品性能及优点

Adobe InDesign 整合了多种关键技术，包括所有 Adobe 专业软件拥有的图像、字型、印刷、色彩管理技术。通过这些程序 Adobe 提供了工业上首个实现屏幕和打印一致的能力。此外，Adobe InDesign 包含了对 Adobe PDF 的支持，允许基于 PDF 的数码作品。

（1）性能灵活

所谓版面编排设计就是把已处理好的文字、图像图形通过赏心悦目的安排，以达到突出主题为目的。因此在编排期间，文字处理是影响创作发挥和工作效率的重要环节，是否能够灵活处理文字显得非常关键。Indesign 界面如图 7－1 所示。InDesign 在这方面的优越性则表现得淋漓尽致，下面通过在版面编排设计时的一些典型的例子加以说明。

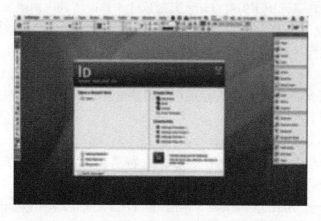

图 7－1　Indesign 界面

①文字块具有灵活的分栏功能。一般在报纸、杂志等编排时，文字块的放置非常灵活，经常要破栏（即不一定非要按版面栏辅助线排文），这时如果此独立文字块不能分栏，就会影响编排思路和效率。而 PageMaker 却偏偏不具有这一简单实用的功能，而是要靠一系列非常烦琐步骤去实现：文字块先依据版面栏辅助线分栏，然后再用增效工具中的"均衡栏位"齐平，最后再成组以便更改文字块的大小时不影响等同的各栏宽，等等。而 InDesign 就具有灵活的分栏功能，单这点上就与一直强于 PageMaker 的 QuarkXPress 和 FIT 站在了同一水平线上。

②文字块和文字块中的文字具有神奇的填色和勾边功能。InDesign 可给文字块中的文字填充实纯色或渐变色，而且可给此文字勾任意粗的实地色或渐变色的边。同时，对此文字块也可给予实地色或渐变色的背景，文字块边框可勾任意粗的实地色或渐变色的边框，这样烦琐的步骤，InDesign 用其快捷的功能可一气呵成，而 PageMaker 单靠其"文字背景"功能是完不成的，甚至得借助其他软件来实现，就连 QuarkXPress 也只能望尘莫及。特别是文字块和文字块中的文字的渐变色勾边这一种功能，也只有 FIT 可与其抗衡。

③文字块内的文字大小变化灵活。当我们进行编排时，往往会遇到想对某段文字块中的某些文字做一些特别强调，如大小、长短变化等，InDesign 就提供了这一方便功能。InDesign 可让文字块内的文字在 XY 轴方向改变大小且可任意倾斜，而 PageMaker 文字块中的文字却只能在 X 轴方向改变，更不能倾斜。更神奇的是 InDesign 中整个文字块可用"缩放键"放大和缩小（其中文字也相应放大和缩小），这项绘图软件特有优秀的功能被 InDesign 引进，从而大大减少了由于版面变化而改变版式的工作量，提高了工作效率。而

PageMaker 却只能望尘莫及,老老实实地从改变字号大小开始重新安排版面,费时费力。

④文字块的文字在间距控制上更自由。一般在排文时常常会遇到文字块最后一栏的最后一行不能与前面栏的最后一行平齐等问题,这时可能就需要调整字距(Tracking)来实现了。InDesign 的文字字距可简单地通过设定任意的数值来调整,非常快捷方便。不知是不是因为具有这灵活的字距功能,InDesign 没有加入在 PageMaker 中特有的"专业字距编辑"功能?而 PageMaker 则只有五个级别来控制,显得笨拙。另外在字间距(Kerning)、词间距(Word spacing)和字母间距(Letter Spacing)等方面的控制,InDesign 也表现不俗,而且创新了保证文字排列美观的"单行/多行构成"功能。

⑤文字块常规的矩形外框可自由改变。若我们在编排时需要文字块的形状特殊一些,那么 InDesign 除了为用户预设了几种圆角、倒角矩形外,还允许用户用"直接选择工具"和"贝塞尔(Bezier)工具"在默认矩形文字块基础上再进行更富创意的形状变化,真正使用户"所想即所得"。而这一功能在 PageMaker 中想都别想,连 QuarkXPress 都没那么方便。

⑥拥有绘图软件中的艺术效果文字———沿路径排文字,为配合版面需要想为文字变个花样,InDesign 只要用"贝塞尔(Bezier)工具"画出您喜欢的曲线,那么沿曲线排列文字在 InDesign 中可轻易实现。而 PageMaker 必须去另外软件中去实现,若修改则十分麻烦,实在影响工作效率。

⑦文字块中的文字可转图形。完成编排后送到输出中心输出时,若知输出中心无相应的 TrueType 字或 PS 字,这时 InDesign 的文字转图形的功能可就派上用场了,这种绘图软件特有的功能再一次被用于排版软件真令人叫绝。而 PageMaker 只能又要借助别的软件去完成这一任务了。通过以上几例,可见在文字处理方面的比较,InDesign 表现得老到成熟,而 PageMaker 则有些老态龙钟了。

(2)其他功能

InDesign 还具有许多绘画、绘图软件的特性和自己独特的功能,大大方便了用户。例如:

①InDesign 可对图像进行羽化、阴影和透明,省去了要到 Photoshop 中才能实现的步骤;

②InDesign 借鉴了 Photoshop 的"吸管工具",对于迅速查看和复制颜色提供了不少方便;

③InDesign 的"贝塞尔(Bezier)工具"和"自由笔",其绘图功能与 CorelDRAW 等绘图软件不相上下,这样就省去了使用另外软件绘图的麻烦;

④InDesign 的调色板可随心所欲地拖动 CMYK 控制条来得到你所想要的颜色,使用户在设计时对颜色的搭配选择更加快捷,等等。

⑤InDesign 神奇的多次 UNDO(撤销)和 REDO(重做)功能,提高了用户设计产品的灵活性。而 PageMaker 却只有一次,甚至有的操作连一次都没有。

⑥InDesign 整合了多种关键技术,色彩管理技术。

⑦InDesign 对 PDF 有广泛的支持,可以直接存储 PDF 格式,而不需要通过 Acrobat Distiller 一样的中间程序,这对将来 PDF 彻底成为标准时具有明显的优势。PageMaker 在这些方面就更加落伍了,逐渐老化的 PageMaker 只能被重新定位到商务排版市场中,与 Microsoft 的 Publisher 相竞争。类似以上的优点还有很多,这里不再一一举例。综上所述,

InDesign 在排版软件中的出类拔萃的优势毋庸置疑,在专业领域 InDesign 代替 PageMaker 成为行业专业软件的主流是必然的趋势。

（3）特色功能

①印前检查。在设计时进行印前检查。连续的印前检查会发出潜在生产问题的实时警告,以便您快速导航到相应问题,在版面中直接修复它并继续工作。

②链接面板。在可自定义的链接面板中查找、排序和管理文档的所有置入文件。查看对于工作流程最重要的属性,如缩放、旋转和分辨率。

③页面过渡。将卷起、划出、溶解、淡化等页面过渡应用于个别页面或所有跨页,并输出到 SWF 或 PDF。在应用页面过渡前进行预览,尝试过渡速度和方向以提高设计控制力。

④条件文本。从一个 InDesign 源文件为不同用户提供一个文档的多个版本。无须依赖图层即可在段落、单词甚至字符级隐藏文本。其余文本和定位对象会自动重排到版面中。

⑤导出（XFL）。将文档导出为 XFL 格式并在 Adobe Flash CS4 Professional 中打开它们,可保持原始 InDesign 版面的视觉保真度。使用 Flash 将精细的交互内容、动画和导航添加到复杂版面,创造出引人入胜的阅读体验。

⑥交叉引用。借助灵活而强大的交叉引用简化长文档的编写、生产和管理,它们在内容发生变化或在文档中移动内容时会动态更新。

⑦智能参考线。借助动态参考线为一个或多个对象快速对齐、设置间距、旋转和调整大小。参考线、对象尺寸、旋转角度以及 x 和 y 坐标将动态显示,以便用户将对象边缘或它的垂直/水平中心快速对齐到版面中的其他对象或页面边缘。

⑧文档设计。无须通过 Adobe Flash 创作环境即可将页面版面变换为动态 SWF 文件。借助交互式按钮、超链接和独特的页面过渡创建数字文档,以便在 Adobe Flash Player 运行时中回放。

⑨跨页旋转。无须转动显示器即可临时旋转跨页视图。实现 90°和 180°的全面编辑能力,将非水平元素轻松融入设计中。

⑩文本重排。当文本溢流时,可以使用这个全新首选项在文章、选定内容或文档结尾处自动添加页面。智能文本重排与条件文本配合使用,因为隐藏或显示文档中的条件文本时会自动删除或添加页面。

5. 表格使用

InDesign 提供了方便灵活的表格功能。可以简单地导入 Excel 表格文件或是 Word 中的表格,也可以快速地将文本转换为表格。利用合并及拆分表格单元并通过笔画和填充功能,可以快速地创建复杂而美观的表格。

当创建表格时,新表格会充满作为容器的文本框的宽度。当插入点在一行的开始时,表格会插到同一行中;如果插入点在行的中间,表格会插入到下一行。

（1）创建表格

①使用文字工具,绘制一个新的文本框,或是将插入点置于一个现有的文本框或是表格中。

②选择"表格/插入表格"。

③指定行数和列数。

④如果表格会跨过不止一个栏或框,指定希望重复的表头和表尾的行数。

⑤单击"确定"。

（2）添加文本

可以在表格单元中添加文本、随文图、随文文本框或其他表格。要添加文本,可直接键入、粘贴或置入。表格的行高会随着文本行的增加而增加,除非设定了固定的行高。

（3）添加图

当添加的图比单元格要大时,单元高度会增加以适应图,但单元格的宽度不会变化,图可能会超出单元格的右边。如果图所在单元格设置为固定高度,超过行高的图会导致单元格出现过剩。

（4）设置文本

在将文本转换为表格之前,确认已经按适当的格式设置好文本。可以选择定位标记、逗号或段落回车作为新的行和列开始的位置,也可以指定其他的字符。例如,可能希望用分号分开不同的栏,用段落回车分行。

（5）表格转换

当将表格转换为文本时,InDesign 会移除表格线,在每一列和每一栏的结束处插入指定的分隔符。为取得最好的结果,对栏和行使用不同的分隔符,如用定位标记分隔,用段落分隔行。

（6）导入表格

当使用"置入"命令来导入 Microsoft Excel 表格或是包含表格的 Microsoft Word 文本时,导入的数据在 InDsign 中成为 InDesign 的表格。可以编辑这些表格。如果对导入表格的结果不满意,可以在置入文件时选"未格式化的定位标记文本",然后整理该文本,再将其转换为表格。

也可以从 Excel 数据表或 Word 的表格中拷贝并粘贴数据到 InDesign 文档。当从其他程序中粘贴表格时,信息会以带定位标记文本的形式出现。可以将文本转换为表格。

尽管人人都说计算机行业转得飞快,但一套大型软件从设计到面世一般要三五年,要进入稳定和市场发展期也非要一两年不行。InDesign 在欧美地区已经逐渐成为主流产品之一,虽然早期在亚洲区未受重视,但随着日本版面世和启旋科技正紧锣密鼓地准备推出中文版,InDesign 在亚洲区可能有更亮丽的前景。

7.2.4　PageMaker

PageMaker 软件是一种排版软件,其长处就在于能处理大段长篇的文字及字符,并且可以处理多个页面,能进行页面编页码及页面合订。

1.基本简介

PageMaker 是由创立桌面出版概念的公司之一 Aldus 于 1985 年推出,后来在升级至 5.0 版本时被 Adobe 公司在 1994 年收购。

PageMaker 提供了一套完整的工具,用来产生专业、高品质的出版刊物。它的稳定性、高品质及多变化的功能特别受到使用者的赞赏。另外,在 6.5 版中添加的一些新功能,让用户能够以多样化、高生产力的方式,通过印刷或是 Internet 来出版作品。还有,在 6.5 版中为与 Adobe Photoshop 5.0 配合使用提供了相当多的新功能,PageMaker 在界面上及使用上就如同 Adobe Photoshop,Adobe Illustrator 及其他 Adobe 的产品一样,让用户可以更容易地运用 Adobe 的产品。最重要的一点,在 PageMaker 的出版物中,置入图的方式可谓是最好的了。通过链接的方式置入图,可以确保印刷时的清晰度,这一点在彩色印刷时尤其重要。

PageMaker 6.5 可以传送 HTML 格式和 PDF 格式的出版刊物,同时还能保留出版刊物中的版面、字体以及图像等。在处理色彩方面也有很大的改进,提供了更有效率的出版流程。而其他的新增功能也同时提高了和其他公司产品的兼容性。

PageMaker 操作简便但功能全面。借助丰富的模板、图形及直观的设计工具,用户可以迅速入门。作为最早的桌面排版软件,PageMaker 曾取得过不错的业绩,但在后期与 QuarkXPress 的竞争中一直处于劣势。

由于 PageMaker 的核心技术相对陈旧,在 7.0 版本之后,Adobe 公司便停止了对其的更新升级,而代之以新一代排版软件 InDesign。PageMaker 可以通过 Trados 的 Story Collector forPageMaker 辅助进行本地化排版工作。

随着 PageMaker 软件的淡出,本地化中 PageMaker 的项目也日益减少。PageMaker 是平面设计与制作人员的理想伙伴,本软件主要用来处理图文编辑,菜单全中文化,界面及工具的使用十分简洁灵活,对于初学者来说很容易上手。因此目前诸多的广告公司、报社、制版公司、印刷厂等都已采用了 Pagemaker 作为图文编排的首选软件;Pagemaker 的使用把以前落后粗糙的徒手设计——上色——手工制版的繁重过程,简化到了设计人员在电脑上一步即可完成,而且同时又给设计节省出大量的宝贵时间,思维空间也得以开拓。而制作人员也从繁重的体力劳动得以解脱,真可谓是两全其美的软件。

由 PageMaker 设计制作出来的产品在我们的生活中随处可见,如:说明书、杂志、画册、报纸、产品外包装、广告手提袋、广告招贴,等等。

2. 使用技巧

(1)在排文时,光标变成载文小图像时,按 Ctrl 键变自动排文,按 Shift 键变半自动排文。

(2)临时显示高分辨图像使用 Ctrl + Shift + 鼠标右键。

(3)用不同的应用软件编辑链接物件(比如置入的文本用记事本编辑的,现在想用 Word 编辑),方法是按 Shift + Alt + 编辑 > 编辑原件,选 Word 即可。否则只能调出记事本编辑。

(4)印刷名词:全方、半方和四分之一方。这三者都是空格符。不过它们和通常用空格键产生的空格以及非断行空格不同,只与字体及点大小有关。全方就是一个字的空格,半方是半个字的空格,四分之一方是一个字的1/4。快捷键分别为全方:Ctrl + Shift + M,半方:Ctrl + Shift + N,四分之一方:Ctrl + Shift + T。

3. 文本块的编辑

文本块是指放置文本的矩形区域。文本块不能是空的,它不仅包含文字,也可包含图像。用户可以将文本块作为可移动的对象,对文本块进行调整、分割、合并、复制和旋转等操作。

(1)调整文字块

一个文本块共有 6 个控制柄,包括 4 个显示为黑色块的文本块控制柄和两个窗口控制柄,只有在工具箱中使用"移动"工具选取文本块后,文本块的边界才可显现,才可以进行编辑。

可以通过拖动"文本块控制柄"来改变文本的宽度和长度比,通过向上向下拖拉"窗口控制柄"来改变文本块的长度。上下"窗口控制柄"的半圆形内均为空时,文本块就不会被继续拉长。在改变文本块的形状时,文本块里的文字不会有任何的缺失或改变,所改变的只是文字的存放空间。

(2)移动文字块

用鼠标直接拖动或用键盘上的方向键来实现。

(3)分割文字块

通常情况下,一栏或一页就是一个文本块,但如果遇到图片或其他特殊情况,为了编辑方便,就需要将一个文本块分割成两个或更多的文本块。

(4)合并文字块

可以用鼠标向下拖拉前一个文字块底部的"窗口控制柄",直到所有的文字都再现在此文字块中。或者将最后一个文字块底部的"窗口控制柄"向上拖,直到上下两个"窗口控制柄"连在一起,然后在页面上随意单击,此文字块就会消失,而文字块的内容则自动合并到上一个与它相连的文字块中。

(5)复制文字块

利用"复制"和"粘贴"命令实现复制,或按"Ctrl + Alt"组合键,然后拖动文本块实现复制。

(6)消除文字块

选中要删除的文字块,执行"编辑/清除"或按键盘上的 Delete 键。

(7)旋转文字块

在排版过程中,有时需要适当旋转文字块,来达到某种视觉效果,在这里可通过两个方法实现:

方法一:使用"旋转"工具来实现。

方法二:使用"控制面板"来实现。

(8)镜像文字块

选中文字块,然后在控制面板中选择"水平镜像按钮"或"垂直镜像按钮"。

7.2.5 Adobe Illustrator[①]

Adobe illustrator 是一种应用于出版、多媒体和在线图像的工业标准矢量插画的软件。作为一款非常好的矢量图形处理工具,Adobe Illustrator 于 1986 年首发上市后广泛应用于印刷出版、海报书籍排版、专业插画、多媒体图像处理和互联网页面的制作等,适合生产任何小型设计到大型的复杂项目。Adobe illustrator 采用 C++ 编程语言,可应用于 Mac OS X, Microsoft Windows 操作系统。

---

① 参见 http://baike.baidu.com/item/illustrator[2017 - 06 - 25].

图 7 – 2　Adobe Illustrator 历史版本的启动界面

1. 发展历程

Adobe Illustrator 是 Adobe 系统公司推出的基于矢量的图形制作软件。最初是 1986 年为苹果公司麦金塔电脑设计开发的,1987 年 1 月发布,在此之前它只是 Adobe 内部的字体开发和 PostScript 编辑软件。

1987 年,Adobe 公司推出了 Adobe Illustrator 1.1 版本,其特征是包含一张录像带,内容是 Adobe 创始人约翰·沃尔诺克对软件特征的宣传,之后的一个版本称为 88 版,因为发行时间是 1988 年。

1988 年,发布 Adobe Illustrator 1.9.5 日文版,这个时期的 Illustrator 给人印象只是一个描图的工具。画面显示也不是很好。不过,令人欣喜的是它拥有曲线工具了。

1988 年,在 Windows 平台上推出了 Adobe Illustrator 2.0 版本。Illustrator 真正起步应该说是在 1988 年,Mac 上推出的 Illustrator 88 版本。该版本是 Illustrator 的第一个视窗系统版本,但很不成功。

1989 年,在 Mac 上升级到 Adobe Illustrator 3.0 版本,并在 1991 年移植到了 Unix 平台上。该版本注重加强了文本排版功能,包括"沿曲线排列文本"功能。也就在这时,Aldus 公司开发了 Mac 系统版本的 Macromedia FreeHand,拥有更简易的曲线功能和更复杂界面,带有渐变填充功能。之后 FreeHand 与 Illustrator,PageMaker 和 QuarkXPress 成为桌面出版商必备的"四大件"。而对于 Illustrator,用户意见最大的"真混合渐变填充"功能直到多年以后的 Illustrator5 中才得以实现。

1990 年发布,Adobe Illustrator3.2 日文版,从这个版本开始文字终于可以转化为曲线了,AI 被广泛普及于 logo 设计。

1992 年,发布了最早出现在 PC 平台上运行的 Adobe Illustrator 4.0 版本,该版本也是最早的日文移植版本。该版本中 Illustrator 第一次支持预览模式,由于该版本使用了 Dan Clark 的 Anti-alias(抗锯齿显示)显示引擎,使得原本一直是锯齿的矢量图形在图形显示上有了质的飞跃。同时又在界面上做了重大的改革,风格和 Photoshop 极为相似,所以对于 Adobe 的老用户来说相当容易上手,也难怪没多久就风靡出版业,很快也推出了日文版。

1992 年,发布 Adobe Illustrator 5.0 版本,该版本在西文的 TrueType 文字可以曲线化,日文汉字却不行,后期添加了 Adobe Dimensions 2.0J 特性弥补了这一缺陷,可以通过它来转曲。

1993 年,发布 Adobe Illustrator 5.0 日文版,Macintosh 附带系统盘内的日文 TrueType 字体实现转曲功能。

1994 年,发布 Adobe Illustrator 5.5,加强了文字编辑的功能,显示出 AI 的强大魅力。

1996 年,发布 Adobe Illustrator 6.0,该版本在路径编辑上做了一些改变,主要是为了和 Photoshop 统一,但导致一些用户的不满,一直拒绝升级,Illustrator 同时也开始支持 TrueType 字体,从而引发了 PostScript Type 1 和 TrueType 之间的"字体大战"。

1997 年,推出 Adobe Illustrator 7.0 版本,同时在 Mac 和 Windows 平台推出,使麦金塔和视窗两个平台实现了相同功能,设计师们开始向 Illustrator 靠拢,新功能有"变形面板""对齐面板""形状工具"等,并完善了 PostScript 页面描述语言,使得页面中的文字和图形的质量再次得到了飞跃,更凭借着她和 Photoshop 良好的互换性,赢得了很好的声誉,唯一遗憾的是 7.0 对中文的支持极差。

1998 年,发布 Adobe Illustrator 8.0,该版本的新功能有"动态混合""笔刷""渐变网络"等。这个版本运行稳定,时隔多年仍有广大用户使用。

2000 年,发布 Adobe Illustrator 9.0,该版本的新功能有"透明效果""保存 Web 格式""外观"等,但是实际使用中透明功能却经常带来麻烦,导致很多用户仍使用 8.0 版本而不升级。

2001 年,发布 Adobe Illustrator 10.0,是 Mac OS 9 上能运行的最高版本,主要新功能有"封套"(envelope)、"符号"(Symble)、"切片"等功能。切片功能的增加,使得可以将图形分割成小 GIF、JEPG 文件,明显是出于网络图像的支持。

被纳入 Creative Suite 套装后不用数字编号,而改称 CS 版本,并同时拥有 Mac OS X 和微软视窗操作系统两个版本。维纳斯的头像从 Illustrator CS(实质版本号 11.0)被更新为一朵艺术化的花朵,增加创意软件的自然效果。CS 版本新增功能有新的文本引擎(对 OpenType 的支持),"3D 效果"等。

2002 年,发布 Adobe Illustrator CS。

2003 年,发布 Adobe Illustrator CS2,即 12.0 版本,主要新增功能有"动态描摹","动态上色","控制面板"和自定义工作空间等等,在界面上和 Photoshop 等得到了统一。动态描摹可以将位图图像转化为矢量图型,动态上色可以让用户更灵活的给复杂对象区域上色。

2007 年,发布 Adobe Illustrator CS3,新版本新增功能有"动态色彩面板"和与 Flash 的整合等。另外,新增加裁剪、橡皮擦工具。

2008 年 9 月,发布 Adobe Illustrator CS4,新版本新增斑点画笔工具、渐变透明效果、椭圆渐变,支持多个画板、显示渐变、面板内外观编辑、色盲人士工作区,多页输出、分色预览、出血支持以及用于 Web、视频和移动的多个画板,CS4 的启动界面仍以简约为主,相对于 CS3 版本来说,橙黄变成了金黄的颜色,AI 的标志也成了半透明的黑色,给人一种凹陷下去的感觉。

2010 年,发布 Adobe Illustrator CS5,可以在透视中实现精准的绘图、创建宽度可变的描边、使用逼真的画笔上色,充分利用与新的 Adobe CS Live 在线服务的集成。AI CS5 具有完全控制宽度可变、沿路径缩放的描边、箭头、虚线和艺术画笔。无须访问多个工具和面板,就可以在画板上直观地合并、编辑和填充形状。AI CS5 还能处理一个文件中最多 100 个不同大小的画板,并且按照意愿组织和查看它们。

2012 年发行 Adobe Illustrator CS6,软件包括新的 Adobe Mercury Performance System,该系统具有 Mac OS 和 Windows 的本地 64 位支持,可执行打开、保存和导出大文件以及预览复杂设计等任务。支持 64 位的好处是,软件可以有更大的内存支持,运算能力更强。还新增了不少功能和对原有的功能进行增强。全新的图像描摹,利用全新的描摹引擎将栅格图像转换为可编辑矢量。无须使用复杂控件即可获得清晰的线条、精确的拟合及可靠的结果。新增的高效、灵活的界面,借助简化的界面,减少完成日常任务所需的步骤。体验图层名称的内联编辑、精确的颜色取样以及可配合其他 Adobe 工具顺畅调节亮度的 UI。还有高斯模糊增强功能、颜色面板增强功能、变换面板增强功能和控制面板增强功能等。

2013 年发布 Illustor CC,Adobe Illustrator CC,主要的改变包括:触控文字工具、以影像为笔刷、字体搜寻、同步设定、多个档案位置、CSS 摘取、同步色彩、区域和点状文字转换、用笔刷自动制作角位的样式和创作时自由转换。较快的速度和稳定性处理最复杂的图稿。全新的 CC 版本增加了可变宽度笔触,针对 Web 和移动的改进,增加了多个画板,触摸式创意工具等新鲜特性。使用全新的 Illustrator CC 你可以享用云端同步及快速分享你的设计。

2. 软件特点

Adobe Illustrator 最大特征在于钢笔工具的使用,使得操作简单功能强大的矢量绘图成为可能。它还集成文字处理、上色等功能,不仅在插图制作,在印刷制品(如广告传单、小册子)设计制作方面也广泛使用,事实上已经成为桌面出版(DTP)业界的默认标准。它的主要竞争对手是 Macromedia FreeHand,但是在 2005 年 4 月 18 日,Macromedia 被 Adobe 公司收购。

所谓的钢笔工具方法,在这个软件中就是通过"钢笔工具"设定"锚点"和"方向线"实现的。一般用户在一开始使用的时候都感到不太习惯,并需要一定练习,但是一旦掌握以后能够随心所欲绘制出各种线条,并直观可靠。

它同时作为创意软件套装 Creative Suite 的重要组成部分,与兄弟软件——位图图形处理软件 Photoshop 有类似的界面,并能共享一些插件和功能,实现无缝连接。同时它也可以将文件输出为 Flash 格式。因此,可以通过 illustrator 让 Adobe 公司的产品与 Flash 连接。

Adobe Illustrator 可以完成保存和导出大文件以及预览复杂设计等任务。支持 64 位的好处是,软件可以有更大的内存支持,运算能力更强。还新增了不少功能和对原有的功能进行增强。全新的图像描摹,利用全新的描摹引擎将栅格图像转换为可编辑矢量。无须使用复杂控件即可获得清晰的线条、精确的拟合及可靠的结果。新增的高效、灵活的界面,借助简化的界面,减少完成日常任务所需的步骤。体验图层名称的内联编辑、精确的颜色取样以及可配合其他 Adobe 工具顺畅调节亮度的功能。还有高斯模糊增强功能、颜色面板增强功能、变换面板增强功能和控制面板增强功能等。

3. 功能特性

Adobe Illustrator 作为全球最著名的矢量图形软件,以其强大的功能和体贴用户的界面,已经占据了全球矢量编辑软件中的大部分份额。据不完全统计,全球有 37% 的设计师在使用 Adobe Illustrator 进行艺术设计。

尤其基于 Adobe 公司专利的 PostScript 技术的运用,Illustrator 已经完全占领专业的印刷出版领域。无论是线稿的设计者和专业插画家、生产多媒体图像的艺术家,还是互联网页或在线内容的制作者,使用过 Illustrator 后都会发现,其强大的功能和简洁的界面设计风格只有 FreeHand 能相比。

(1)提供的工具

它是一款专业图形设计工具,提供丰富的像素描绘功能以及顺畅灵活的矢量图编辑功能,能够快速创建设计工作流程。借助 Expression Design,可以为屏幕/网页或打印产品创建复杂的设计和图形元素。它支持许多矢量图形处理功能,拥有很多拥护者,也经历了时间的考验,因此人们不会随便就放弃它而选用微软的 Expression Design。它提供了一些相当典型的矢量图形工具,诸如三维原型(primitives)、多边形(polygons)和样条曲线(splines),一些常见的操作从这里都能实现。

(2)特别的界面

其外观颜色不同于 Adobe 的其他产品,Design 是黑灰色或亮灰色外观,这种外观上改变或许是 Adobe 故意为之,意在告诉用户这是两个新产品,而不是原先产品的改进版。

(3)贝赛尔曲线的使用

Adobe Illustrator 最大亮点在于贝赛尔曲线的使用,使得操作简单功能强大的矢量绘图成为可能。

4. 配置要求

(1)Windows

处理器:Intel Pentium 4 或 AMD Athlon 64。

操作系统:Windows XP(带有 Service Pack 3)或者 Windows Vista(带有 Service Pack 1)或 Windows 7 或者 Windows 10。

内存:1 GB 以上。

硬盘:2 GB 可用硬盘空间用于安装;安装过程中需要额外的可用空间(无法安装在基于闪存的可移动存储设备上)。

显卡:1 024×768 屏幕(推荐 1 280×800),16 位以上。

(2)Mac OS

处理器:同 Windows。

操作系统:Mac OS 10.5.7 或 10.6 版。

内存:1 GB 以上。

硬盘:2 GB 可用硬盘空间用于安装;安装过程中需要额外的可用空间(无法安装在使用区分大小写的文件系统的卷或基于闪存的可移动存储设备上)。

显卡:1 024×768 屏幕(推荐 1 280×800),16 位。

5. 常用快捷键

常用快捷键见表 7 - 1 至表 7 - 5。

表 7 - 1　工具箱

移动工具:V	添加锚点工具:+	矩形、圆角矩形工具:M	视图平移、页面、标尺工具:H
选取工具:A	文字工具:T	铅笔、圆滑、抹除工具:N	默认填充色和描边色:D
钢笔工具:P	多边形工具:L	旋转、转动工具:R	切换填充和描边:X
画笔工具:B	自由变形工具:E	缩放、拉伸工具:S	镜向、倾斜工具:O
颜色取样器:I	屏幕切换:F	油漆桶工具:K	渐变填色工具:G

表 7 - 2　文件操作

新建文件:Ctrl + N	文件存盘:Ctrl + S	关闭文件:Ctrl + W	打印文件:Ctrl + P
打开文件:Ctrl + O	另存为:Ctrl + shift + S	恢复到上一步:Ctrl + Z	退出 Illustrator:Ctrl + Q

表 7 - 3　编辑操作

粘贴:Ctrl + V 或 F4	置到最前:Ctrl + F	取消群组: Ctrl + Shift + G	锁定未选择的物体: Ctrl + Alt + Shift + 2
粘贴到前面:Ctrl + F	置到最后:Ctrl + B	全部解锁: Ctrl + Alt + 2	再次应用最后一次使用的滤镜: Ctrl + E
粘贴到后面:Ctrl + B	锁定:Ctrl + 2	连接断开的路径: Ctrl + J	隐藏未被选择的物体: Ctrl + Alt + Shift + 3
再次转换:Ctrl + D	联合路径:Ctrl + 8	取消调和: Ctrl + Alt + Shift + B	应用最后使用的滤镜并保留原参数: Ctrl + Alt + E
取消联合:Ctrl + Alt + 8	隐藏物体:Ctrl + 3	新建图像遮罩: Ctrl + 7	显示所有已隐藏的物体: Ctrl + Alt + 3
调和物体:Ctrl + Alt + B	连接路径:Ctrl + J	取消图像遮罩: Ctrl + Alt + 7	

表 7 - 4　文字处理

文字左对齐或顶对齐: Ctrl + Shift + L	文字居中对齐: Ctrl + Shift + C	将所选文本的文字增大 2 像素: Ctrl + Shift + >
文字右对齐或底对齐: Ctrl + Shift + R	文字分散对齐: Ctrl + Shift + J	将所选文本的文字减小 2 像素: Ctrl + Shift + <
将字体宽高比还原为 1 比 1: Ctrl + Shift + X	将字距设置为 0: Ctrl + Shift + Q	将所选文本的文字减小 10 像素: Ctrl + Alt + Shift + <
将图像显示为边框模式(切换): Ctrl + Y	将行距减小 2 像素: Alt + ↓	将所选文本的文字增大 10 像素: Ctrl + Alt + Shift + >

表 7 − 4(续)

显示/隐藏路径的控制点：Ctrl + H	将行距增大 2 像素：Alt + ↑	将字距微调或字距调整减小 20/1000ems：Alt + ←
显示/隐藏标尺：Ctrl + R	放大到页面大小：Ctrl + 0	将字距微调或字距调整增加 20/1000ems：Alt + →
显示/隐藏参考线：Ctrl + ；	实际像素显示：Ctrl + 1	对所选对象预览(在边框模式中)：Ctrl + Shift + Y

表 7 − 5　视图操作

锁定/解锁参考线：Ctrl + Alt +	将所选对象变成参考线：Ctrl + 5	将变成参考线的物体还原：Ctrl + Alt + 5
贴紧参考线：Ctrl + Shift +	显示/隐藏网格：Ctrl + "	显示/隐藏"制表"面板：Ctrl + Shift + T
捕捉到点：Ctrl + Alt + "	贴紧网格：Ctrl + Shift + "	显示或隐藏工具箱以外的所有面板：Shift + TAB
应用敏捷参照：Ctrl + U	显示/隐藏"段落"面板：Ctrl + M	显示/隐藏"信息"面板：F8
显示/隐藏"字体"面板：Ctrl + T	显示/隐藏"画笔"面板：F5	选择最后一次使用过的面板：Ctrl + ~
显示/隐藏所有命令面板：TAB	显示/隐藏"颜色"面板：F6	显示/隐藏"属性"面板：F11
显示/隐藏"渐变"面板：F9	显示/隐藏"图层"面板：F7	显示/隐藏"描边"面板：F10

6. 使用技巧

使用基本绘图工具时，在工作区中单击可以弹出相应的对话框，在对话框中对工具的属性可以进行精确的设置。

按 Alt 键单击工具循环选择隐藏工具，双击工具或选择工具并按回车键显示选定工具所对应的选项对话框。

按下 Caps Lock 可将选定工具的指针改为十字形。

从标尺中拖出参考线时，按住鼠标按下 Alt 键可以在水平或垂直参考线之间切换。

选定路径或者对象后，打开视图→参考线→建立参考线，使用选定的路径或者对象创建参考线，释放参考线，生成原路径或者对象。

对象→路径→添加锚点，即可在所选定路径每对现有锚点之间的中间位置添加一个新的锚点，因此使用该命令处理过的路径上的锚点数量将加倍。所添加锚点的类型取决于选定路径的类型，如果选定路径是平滑线段，则添加的锚点为平滑点；如果选定的路径是直线段，则添加的锚点为直角点。

使用旋转工具时,默认情况下,图形的中心点作为旋转中心点。按住 Alt 键在画板上单击设定旋转中心点,并弹出旋转工具对话框。在使用旋转、反射、比例、倾斜和改变形状等工具时,都可以按下 Alt 键单击来设置基点,并且在将对象转换到目标位置时,都可以按下 Alt 键进行复制对象。

再次变换:Ctrl + D。

使用变形工具组时,按下 Alt 键并拖动鼠标调节变形工具笔触形状。

包含渐变、渐变网格、裁切蒙版的对象不能定义画笔。

剪切工具:使用该工具在选择的路径上单击起点和终点,可将一个路径剪成两个或多个开放路径。

裁刀工具:可将路径或图形裁开,使之成为两个闭合的路径。

画笔选项:填充新的画笔笔画。用设置的填充色自动填充路径,若未选中,则不会自动填充路径。

反射工具:单击定位轴心,点鼠标进行拖移,可以轴心为旋转中心对镜像结果进行旋转,单击两次富庶变换轴,进行对称变换。

使用比例工具时,可以用直接选择工具选中几个锚点,缩放锚点之间的距离。

自由变换工具:可对图形、图像进行倾斜、缩放以及旋转等变形处理,先按住范围框上的节点不松,再按 Ctrl 键进行任意变形操作,再加上 Alt 键可进行倾斜操作。

扭转工具:将图形做旋转,创建类似于涡流的效果。

扭转比例:扭转的方向。

细节:确定图形变形后锚点的多少,特别是转折处。

简化:对变形后的路径的锚点做简化,特别是平滑处。

混合工具:一个对象从形状/颜色渐变混合到另一个对象,先点击第一个要混合的图形,再点击第二个要混合的图形就可以得到混合效果。

双击打开混合对话框。

混合方向:调整混合图形的垂直方向,排列到页面是与页面垂直,排列到路径是与路径垂直。

对象 – 混合 – 扩展:可将混合工具形成的图形扩展为单一的图形。

第8章 结 语

8.1 机器翻译之瓶颈及目前的研发趋势

8.1.1 简介

所谓的机器翻译（Machine Translation），指的是使用电脑，将以一种源语言（Source Language）书写的文件，转换为另外一种目标语（Target Language）。自20世纪40年代后期开始，机器翻译一直是人工智慧领域的重要研发项目。这主要是因为语言向来被认为是人与动物重要的差异所在，因此能否以电脑进行如翻译等复杂的语言处理，一直是人工智慧学科中相当引人入胜的课题。而且翻译本身即为具有潜质的商业内存块，国际交流的兴盛，更扩大了对翻译的需求。如果能在质量方面有所突破，在专业领域的翻译上取代人工译者，可以预见会有相当大的市场。除此之外，机器翻译牵涉到自然语言（Natural Language，如中文、英文等，用以区别人造的程序语言）的分析、转换与生成，差不多已涵盖了自然语言处理的所有技术，且测试方式较为明确具体，可以作为自然语言处理技术研究的研发平台。因此，机器翻译多年来一直吸引着产业界投入相关之研发工作。

但是，机器翻译若要在翻译市场占有一席之地，就必须面对人工译者的竞争。由于机器翻译的成品需以人工润色和审核，这部分的人力成本将会占实际运作成本的大部分。也就是译后人工润色和人工直接翻译相比，能够节省的时间必须多到某种程度，机器翻译才能达到实用化的阶段。如果电脑的翻译成品中仍有相当程度之误译，负责润色的人员就必须花费大量的时间，先阅读原文了解文意，再对照机器翻译稿，分辨正确和错误的翻译，而后才能开始进行校正工作，因而大幅增加机器翻译的成本。所以一个正确率为70%的翻译系统，其价值可能不及一个正确率90%翻译系统的一半。这就好比在采矿时，决定矿脉是否值得开采，不只是看矿物本身的价值，还要考察探矿和采矿的成本是否过高。因此在理想情况下，应确保后润色者无须参照原文，即可了解文意，仅须对机译稿作词句上的修饰即可，就像是老师在改作文一样。

由于有人工翻译这项竞争方案，因此机器翻译若要在市场上占有一席之地，其翻译质量必须超过一相当高的临界点，精确度也会面临严格考验。然而因为下文中提到的种种因素，要产生高品质的翻译并不是件容易的事，连带使得机器翻译的研发和实用化遇到障碍。

8.1.2 基本流程

机器翻译系统虽然可概分为直接式(Direct)、转换式(Transfer)及中介语(Interlingua)三类,但考察实际操作上的困难度,目前大部分的机器翻译系统都是采用转换式的做法。转换式机器翻译的过程,如图8-1所示,可以大致分为三个部分:分析、转换和生成。

以"Miss Smith put two books on this dining table."这句话的英译中为例,首先我们会对这句话进行构词(morphological)和语法的分析,得到图8-2(a)的英语语法树。到了转换阶段,除了进行两种语言间词汇的转换(如"put"被转换成"放"),还会进行语法的转换,因此源语言的语法树就会被转换为目标语的语法树,如图8-2(b)所示。

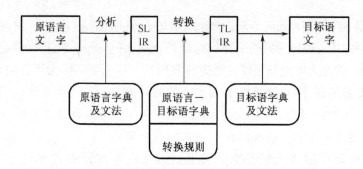

图8-1　转换式机器翻译流程

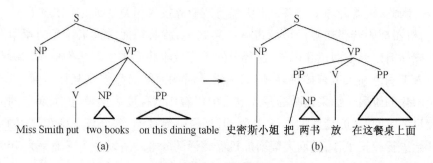

图8-2　语法树转换图

语法树的结构经过更动后,已经排列出正确的中文语序。但是直接把整棵树的各节点排列起来,便成为"史密斯小姐把两书放在这餐桌上面"。这其实并不是合乎中文文法的句子。因此在生成阶段,我们还要再加上中文独有的其他元素(例如量词"本"和"张"),来修饰这个句子。这样我们就可以得到正确的中文翻译:"史密斯小姐把这两本书放在这张餐桌上面。"为了清楚示意,以上流程仅为经过高度简化的程序。在实际的运作中,往往需要经过多层的处理。

8.1.3 问题

自然语言处理最大的难处,在于自然语言本身相当复杂,会不停变迁,常有新词及新的用法加入,而且特例繁多。机器翻译遇到的主要问题,可以归纳为两大项:文句中歧义

（ambiguity）、语法不合设定（ill-formedness）现象。

自然语言的语法和语意中，不时会出现歧义和不明确之处，需依靠其他的信息加以判断。这些所谓的"其他信息"，有些来自上下文（包括同一个句子或前后的句子），也有些是来自是阅读文字的人之间共有的背景知识。以下将分别说明这两项问题。

1. 歧义

所谓歧义，就是一个句子可以有许多不同的可能解释。很多时候我们对歧义的出现浑然不觉。例如"The farmer's wife sold the cow because she needed money."这个句子，一般人都可以正确指出此处的"she"代表的是"wife"，但是在句法上，"she"指的也可能是"cow"。虽然人类依照常识能判断出正确的句意，但是对于依照文法规则来理解句子的电脑来说，这是一个含有歧义的句子。

在分析句子时，几乎在每一个层次上（如断词、句法分析、语意分析等），都有可能出现歧义。单字的解释往往会因前后的文字而异。此外，判断句子真义时需要的线索，也可能来自不同的范围。下面这三个句子在单字的字义判断上虽有歧义，但仅依靠句子的其他部分，即可得到进行判断所需的充分信息：

·Please turn on the light.

·Please turn the light on.

·Please turn the light on the table to the right direction.

第一句和第二句很明显，句中的动词就是可分动词片语 turn on，因此我们可以轻易判断出第二句句末的 on 是动词片语 turn on 的一部分。但是在开头与第二句完全相同的第三句中，同样位置的 on 却是介词片语 on the table 的一部分，与 turn 完全无关。由此可知，一个字在句子中扮演的角色，必须要参考完整的信息后才能确定。

但有的句子若是抽离上下文单独来看，则无法判定确切的句意。例如下面两个句子：

·他这个人谁都不相信。

·I saw the boy in the park with a telescope.

第一个句子，说的究竟是"他这个人不相信任何人"，还是"任何人都不相信他"？第二个句子，说的究竟是"我用望远镜看到一个男孩在公园里""我看到一个男孩带着望远镜在公园里""我在公园里用望远镜看到一个男孩"，还是"我在公园里看到一个男孩带着望远镜"？若是没有上下文的信息，应该没有人可以确定。

还有些句子，甚至需要用到文章当中没有明言的信息。它们虽然没有形诸文字，但读者仍然可依循背景知识，察知文句应有的含义。以下面这两个句子为例：

·The mother with babies under four is...

·The mother with babies under forty is...

两个句子的句法完全相同，差别仅有"four"和"forty"一字。但是读者却可轻易了解，第一个句子的"four"是用来修饰"baby"，而第二个句子的"forty"是用来修饰"mother"。读者之所以能下意识地判断出正确答案，凭借的不只是文字的字面意义和语法，还要再加上生活在人类社会中的常识，了解"baby"和"mother"的合理年龄范围。而这种"常识"，正好就是电脑最欠缺，也最难学会的部分。

我们在征求译者时，通常会要求译者对稿件涉及的专业领域拥有一定的素养，为的就是避免在这种"常识"问题上出错。这并不是一本专有名词字典可以解决的。就像上面所举的例子一样，字典并不会列出四岁以下的人不可能是母亲，那是读者早该知道的。机器翻译势必要面对的难题之一，就是如何让电脑得到或学习这些"常识"。我们必须能够用电脑可以理解的方式，把知识呈现出来，包括一般性的常识和特殊领域的专业知识。

由于在分析过程中，一般是依循断词、语法分析、语意分析等程序进行。但往往在做前一步骤时，就需要后面尚未执行之步骤所产生的信息。例如在断词时，常常也需要使用句法及语意的信息来协助判断。因此在机器翻译的过程中，若采用线性流水式的处理程序（Pipelined Architecture），则前面的模块经常无法做出确定性的（Deterministic）判断，而须尽量多保留候选者，让后面的模块处理。因此，最终判断的时机应尽量延后，待累积足够信息后，再决定要使用的译法。这样才不会在信息尚未完整的时候，就把正确的译法排除到考虑范围之外。

2. 不合设定的语法

另外，虽然所有的语言都有语法，但一般我们所谓的语法，其实是一些语言学家针对目前拥有的语料，所归纳出的一些规则。这些规则不见得完整，往往也有许多例外。再加上语言是一直在变迁的，因此我们无法要求语言的使用者，每字每句都合乎文法，自然也难以避免这些状况发生在我们所要处理的翻译稿件中。这些不合设定语法的例子包括不明的字汇，如拼错的字或新产生的专有名词，和旧有词汇的新用法。例如"Please xerox a copy for me."这样的句子，即将复印机大厂 Xerox 的公司名称当作动词"复印"来使用。

这些状况有些来自于单纯的疏失，例如错字、漏字、赘字、转档或传输时产生的乱码，或是不慎混入的标签（tag），也有些是已经获得接受的新字汇和新语法。理想的机器翻译系统，必须能够适当地处理这些不合设定语法的问题。

除了字汇以外，语句的层次也有可能出现不合文法的情形。例如"Which one?"之类的短句，句法层次违反了传统的英文文法，因为句中没有动词，不合乎许多文法课本对句子的定义。而"My car drinks gasoline like water."这样的句子，也违反了一般认为动词"drink"的主词必须是生物的设定。

8.1.4 解决方法

欲解决上述的歧义或语法不合设定问题，需要大量且琐碎的知识。这些大量知识的呈现、管理、整合以及获取，将是建立机器翻译系统时的最大挑战。我们不但要将这些包含在语言学之内（intra-linguistic）、跨语言学的（inter-linguistic），以及超乎语言学之外（extra-linguistic）的知识抽取、表达出来，用以解决上述的语法错误和歧义问题，还要维护这个庞大的知识库。

此外，由上文可知，光是依靠专业领域的字典，仍然无法解决各领域的特殊问题。我们真正需要的，是各相关领域的专业知识。因此，我们要建立的知识库必须包罗万象，涵盖各领域、各层面的知识。这些知识不但范围广大，而且杂乱琐碎，要将它建立完善，本身就是一项艰巨的工作。事实上，知识的取得是机器翻译系统开发上最大的瓶颈。也因此，若要解决机器翻译的问题，一定要有成本合宜且全面性的知识获取方式，并兼顾多人合建系统时的一致性（Consistency）问题。

通常知识的获取方式,和我们表现知识的方式有很大的关联。表现知识的方式可以有不同的形式。例如一般的英文常识告诉我们,冠词后面不会出现动词。要表现这项知识,我们可以使用条例式的规则:"若某字是冠词,则下一个字不可能是动词。"也可以使用概率式的描述:"若某字是冠词,则下一个字是动词的概率为零。"这两种不同的知识表达方式,会衍生出以下两种不同的机器翻译策略。当然除此之外,常用的还有储存大量例句的例句式(Example-Based)系统,将不在此详述。

1. 规则库方式

规则库系统是由事先以人力建立好的大量规则所构成。进行翻译的时候,电脑即依据这些规则,进行是与否的二择判断,以决定分析、转换和生成步骤中,最后被标明的答案。这种做法也是早期大多数机器翻译系统所采取的做法。

规则库方式的优点在于贴近人类的直觉,因此容易了解,而且可以直接承袭现有的语言学知识和理论,充分运用前人研究的结果。相较于下文中提及的参数化方式,规则库方式耗用的电脑硬件资源也比较少。但是相对的,规则库方式也有它的缺点。规则库系统是一连串是与否的二择,但是自然语言中却处处可以见到违反规则的例外。因此,当遇到复杂且较无规律的状况时,规则库方式往往就需要引用大量烦琐的规则来处理。但规则的总数越多,维护起来就越困难。而且只要出现少部分无法精确区隔的例外情况,就会大幅降低整体的性能。例如若每个规则在进行判断时的正确率可达90%,则经过20次判断之后,错误逐渐累积,其正确率就有可能锐减为12%(0.9 的 20 次方)。因此规则库方式一般说来仅适用于较为常规的状况。

此外,规则库式翻译系统的建立和维护完全须仰赖人力,这也是一项很大的缺点。首先,在现代社会中,大量人力代表昂贵的金钱,而且人的能力有其局限,例如一般人在脑中能同时处理的事项,通常只有 5 到 9 项。因此在做修正时,往往无法同时考虑到规则库中所有的规则,和是否适用于所有的语料。可是,若要提升全系统的性能,就必须对系统做整体的考察,否则就很可能会产生所谓的"跷跷板效应"(即某个范围内的性能提升,反而使另一个范围内的性能下降),而无助于提升整个翻译系统的性能。

上述这些缺点,使得规则库翻译系统的建立、维护和扩充十分不便。当系统的复杂度达到一定的水准后,翻译质量往往就很难再行提升。这是因为规则库方式的复杂度,在增加到某个程度后,就很可能会超乎人力所能维护的范围。所以其性能常常在达到70% ~ 80%的正确率后即停滞不前,很难更上一层楼。这些难题主要是来自于自然语言的特性,以及规则库方式本身的缺陷。所以要突破这个瓶颈,我们可能得换个方式下手。

2. 参数化方式

前文已提到,语言现象也可以用概率式的描述方式来表示。例如要表示冠词不会接在动词前面这个现象,我们也可以采用"冠词的下一个字是动词的概率为零"这个说法。若以数学式表示,即为 $P(c_i = Verb \mid c_i - 1 = Det) = 0$,其中 c_i 代表第 i 个字被归为何种词类。至于实际的概率值,则是来自以电脑统计语料库中各种相邻词类组合(如冠词与动词相连)出现次数的结果,如下列公式所示:

$$W_1, W_2, W_3, W_4, \cdots (Words)$$

$$c_1, c_2, c_3, c_4, \cdots (Part - of - Speeches) \cdots \Rightarrow P(Verb \,|\, Det) = \frac{\#[Det\ Verb]}{\#[Det]}$$

在累积足够的概率参数之后,就可以建立起整个统计语言模型。然后借由参数之间数值大小的比较,告诉电脑人类在各种不同条件下偏好的解释和用法。

这种概率表示法的最大好处,就是可以将参数估测(统计)的工作交给电脑进行。而且用连续的概率分布,取代规则库方式中是与否的二择,为系统保留了更多弹性。而估测参数时,由于是将语料库中的所有语言现象放在一起通盘考虑,因此可以避免上述的"跷跷板效应",达到全局最佳化的效果。参数化系统由大量的参数所组成,因此参数的获取需要大量的电脑运算,储存参数也需要相当大的储存空间,超过规则库方式甚多,但是在硬件设备发展一日千里的今天,硬件上的限制已经逐渐不是问题了。

采用参数化的方式,主要是因为自然语言本身具有杂芜烦琐的特性,有些现象无法找出明确的规则作为区隔,或是需要大量的规则才能精确区隔。为了能够处理复杂的自然语言,机器翻译系统也必须拥有能够与之匹敌的复杂度。不过为了驾驭这些繁复的知识,我们还必须找到简单的管理方式。但这是规则库系统不易做到的,因为规则库系统必须由人直接建立、管理,其复杂度受限于人的能力。若要增加复杂度,就必须增加规则数,因而增加系统的复杂度,甚至最后可能超过人类头脑的负荷能力。参数化系统则将复杂度直接交由电脑控制,在增加复杂度时,参数的数量会随之增加,但整个估测及管理的程序,则完全由电脑自动进行,人只需要管理参数的控制机制(即建立模型)即可,而将复杂的直接管理工作交给电脑处理。

在参数化的作法中,是将翻译一个句子,视为替给定之原语句找寻最可能之目标语配对。对每一个可能的目标语句子,我们都会评价其概率值,如下式所示:

$$P(T_i \,|\, S_i) = \sum_{I_i} P(T_i, I_i \,|\, S_i)$$

$$\approx \sum_{I_i} \{ [P(T_i \,|\, PT_i(i)) \times P(PT_t(i) \,|\, NF1_t(i)) \times P(NF1_t(i) \,|\, NF2_t(i))] \times$$
$$[P(NF2_t(i) \,|\, (i))] \times [P(NP2_s(i) \,|\, NF1_s(i)) \times P(NF1_s(i) \,|\, PT_s(i)) \times$$
$$P(PF_s(i) \,|\, S_i)] \}$$

上方的公式为参数化机器翻译系统的示例,其中 S_i 为源语言的句子,T_i 为目标语的句子(译句),I_i 为源语言–目标语配对的中间形式(Intermediate Forms),PT 为语法树(下标 s 为源语言,t 为目标语),$NF1$ 为语法的正规化形式(Syntactic Normal Form),$NF2$ 为语意的正规化形式(Semantic Normal Form)。

参数化系统还有一项极大的优点,就是可借由参数估测的方式,建立机器学习(Machine Learning)的机制,以方便我们建立、维护系统,和依据个人需求自定义系统。因为一般来说,如果能特别针对某一个特定的领域来设计专属的机器翻译系统,将有助于质量的提升。例如加拿大的 TAUM – METEO 气象预报系统,其英法翻译的正确率可达90%以上,至今仍运行不辍。但是在以往规则库的做法下,由于规则须以人力归纳,成本相当高昂,所以无法针对各细分的领域逐一量身定做专用的系统。但若采用参数化的做法,就可以使用不同领域的语料库,估测出各式各样的参数集。然后只要更换参数集,便可将系统切换至不同的领域,以配合不同使用者、不同用途的需求。而且每次翻译作业完成后,还可将使用者的意见纳入新的参数估测程序中,使系统越来越贴近使用者的需要。以下我们将进一步说明如何建立机器学习的机制。

(1)非监督式学习

一般来说,要让电脑进行学习,最直接有效的方式,就是将语料库标注后,让电脑直接从中学习标注的信息,也就是所谓的"监督式学习"(Supervised Learning)。但因标注语料库需要花费大量的专业人力,且不易维持其一致性,所以对我们来说,最理想的机器学习方式,莫过于"非监督式学习"(Unsupervised Learning),即无须人力参与,让电脑直接从不加标注的语料库中学习。

不过要达到非教导式学习的理想相当困难。因为自然语言本身会有歧义现象,在没有任何标注信息的情况下,电脑很难判断文句的真意。为了降低学习的困难度,我们可以使用双语的语料库(即源语言与其目标语译句并陈的语料库),间接加上制约,以降低其可能歧义的数目。由于双语语料库中并列的源语言和目标语译句,其语意必须是一致的,也就是双方在可能的歧义上,必须求取交集。如此即可减少可能的歧义,让电脑了解到句子的正确意思。

以"This is a crane. /这是一只白鹤。"这个源语言/译句配对为例,"crane"一字在英文中有"白鹤"和"起重机"两个意思。若单看句子,在没有标注的情况下,电脑很难判断出这里的"crane"要作何解释。但若给了中文的对应句子,那么很明显此处的"crane"指的一定是白鹤(即两者的交集),才能使中英文句子表达的意思一致,因为中文的"白鹤"一词并无"起重机"的歧义。在不同的语言中,词汇的解释分布通常是不一样的,所以双语语料库中的配对,可以形成一种制约,有助于大幅缩减歧义的数量及可能范围。

(2)不同的参数化做法

在建立源语句和译句的对应关系时,可以使用的方式有纯统计方式(又分 word-based 和 phrase-based 这两类),以及使用语言学分析为基础的语法或语意树对应。纯统计方式是目前 IBM 模型所采用的做法,其特征为不考虑句子的结构,纯粹以单字或词串(phrase,此处的词串可以为任意连续字,不见得具有语言学上的意义)为单位进行比对。这种方式的缺失在于只考虑局部相关性(Local Dependency,通常为 bigram 或 trigram),往往无法顾及句中的长距离相关性(Long-Distance Dependency,例如句中的 NP-Head 与 VP-Head 通常会有相关性)。若两个文法上有密切相关的单字之间,夹杂了很多其他的修饰语,就会使它们彼此超出局部相关性的范围,此模式即无法辨识这种相关性。近来的 phrase-based 方式,已针对上述缺点,改以词串为单位进行比对,这样虽然可以解决词串内单字的相关性问题,然而在相关字超出词串的范围时,还是会产生无法辨认长距离关联性的缺失。

但若使用以语言学知识为基础的做法,不仅可以顾及语句中的长距离关联性,而且句子的分析和生成结果,还可使用在其他用途上(如信息抽取、问答系统等)。如图 8-3 所示,将原语句和译句分别进行语法及语意分析,各自产生其语法树及语意树,再对所产生的语法树或语意树之各节点进行配对应像。但由于句子有歧义的可能性,每个句子都有数种可能的语法树或不同的语意解释,因此我们可以依照前文中的例子所述,借由两者间的对应关系,以采取交集的方式,分别排除源语言语法树和目标语语法树的歧义,如图 8-4 所示。

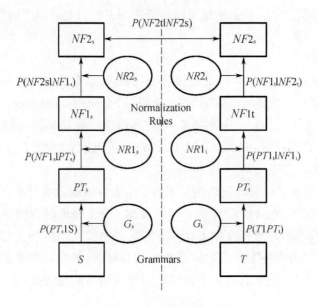

图8-3　双向式学习流程

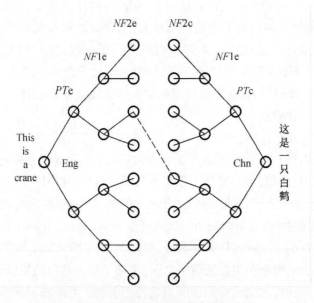

图8-4　双语配对句不同歧义间之映射

　　虽然在分析的过程中,由浅至深有许多不同的层次。理论上,源语言和目标语可在任一层次的结构上建立对应关系,如词串到词串、语法树到词串、语法树到语法树、语意树到语意树等。但事实上,采取不同的对应层次,会影响到对应的难易程度。如图8-5所示,当在语法树上做映射时,由于两边文法结构不同,许多节点无法被对应到(即图中的白色节点)。然而当转到语意层次做对应时,对应不到的节点(白色部分)就会减少很多,如图8-6中的例子所示。在这个例子中,所有语意树上的节点甚至全部都可以一一对应到。因此同样的句子,采用较深层的语意层次进行双向式学习,可以增加对应的效率。

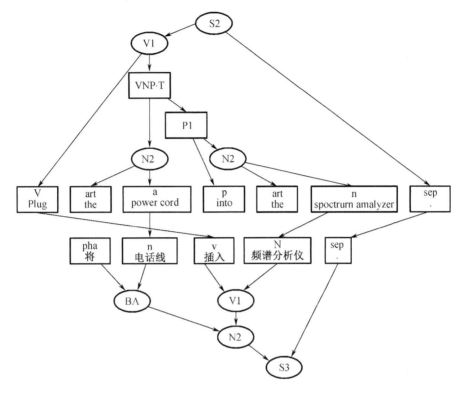

图 8 - 5 语法树配对映射

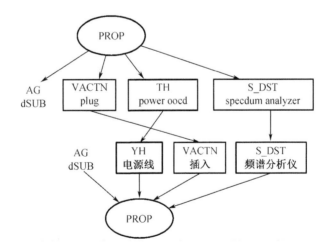

图 8 - 6 语意树配对映射

上文论及若在语意层次进行映射,对应的效率较高。这主要是因为同样的句子可以有不同的讲法,如主动式、被动式等。所以配对中的两个句子,可能会采用不同的讲法,再加上不同的人写出的源语言和目标语文法,其表达形式也可能有差异。因此如果直接在句法树上做配对,对应效果往往很差。表 8 - 1 的实验结果也清楚呈现出这种趋势。在 1 531 句的句法树配对(PT)中,只有 3.4% 的句子拥有完全相符的语法剖析树。但是如果先将这些语法树转成正规化的语意形式(即表 8 - 1 中之 NF2),甚至再做些局部的树形调整(如表 8 - 1 的 TC - TP,即 Target - Case - Topology - Tree),则语意树可完全对应的比例就可以提高到 50.3%。

表 8 - 1 语法 1 语意层次映射效率变化示意图

	PT	NF1	NF2	NF3	TNF2LS	TC - TP
节点配对达成率	3.40% (52/1531)	11.23% (172/1531)	31.61% (484/1531)	32.72% (501/1531)	35.27% (540/1531)	50.29% (770/1531)

剩下无法完全对应的句子,经检查后发现大部分其实语意已被译者变更。如"Please check if the fuse is in the appropriate place.",被译为"请检查是否已插入正确的保险丝。"严格来说这两个句子所含的意思是不相等的。进行翻译时,在多数情况下我们会希望译句保有和原语句相同的语意,因此一般译者会尽量维持语意相同。所以,先转为正规化的语意形式,再行配对节点,可靠性会增加许多。

在将原语句和译句配对后,所谓的自动学习过程,就是去寻找一组参数集 Λ_{MAX},使其能让所有原语句和译句间之配对,有最大的"可能性"(likelihood value)。如下列公式所示(其中 S 为所有的原语句,T 为所有译句,I 则为所有分析过程中的中间形式):

$$\Lambda_{max} = \underset{\Lambda}{\mathrm{argmax}} P(T_1^N | S_1^N, \Lambda) = \underset{\Lambda}{\mathrm{argmax}} \sum_{I_1^N} P(T_1^N, I_1^N | S_1^N, \Lambda)$$

这组参数即为参数化系统的"知识",可以在翻译的时候,用来决定哪一个目标语句最有可能是特定原语句的翻译。由于参数化系统是以非决定性的方式来呈现语言现象,有别于规则库系统的是/否二择,因此保留了更多的弹性。这项特点在自然语言处理中十分重要,因为自然语言的歧义和语法不合设定问题,本身即具有非决定性的特质,因此较适合以非决定性的知识来解决。同时,参数化系统可借由电脑的统计语言模型,自动从语料库中学习有关语言的知识(即概率参数),大幅减低了建立和维护过程中需要的人力。随着电脑化和网络的普及,语料库的取得越来越方便,涵盖的领域也越来越广。参数化系统可以充分利用这项资源,作为其知识的来源,而无须太多的人力介入。基于上述的原因,近年在机器翻译系统的研发领域中,参数化系统逐渐取代了过去的规则库系统成为主流。

8.1.5 未来展望

上文中已提及,制作高品质的翻译系统,需要的知识极为琐碎而庞大。这些知识的获取和管理,正是翻译系统研发的重大瓶颈。从过去的经验可知,这项工作的复杂度已超过人类所能直接控制的范围,即使真的可行,其成本也不是大多数研发单位所能负担的。

因此近年来机器翻译系统的研发,已经逐渐由以前的规则库方式转为参数化方式。美国国家标准局(NIST)最近连续几年,都针对中译英的机器翻译举行评比。到目前为止在所有参赛系统中拔得头筹的,都是参数统计式的系统,而且与其他类型的做法有不小的差距。由此可见,机器学习式的统计导向做法,已证明其优越性。目前机器翻译研发的主流,已经逐渐从规则库导向转为参数统计方式。

这种典范转移(Paradigm Shift)现象的产生,不只是因为大家认知到,机器翻译系统的复杂度已超出人所能直接控制的范围,部分原因也在于语料库的发展规模。以往在建立语料库时,是由人工从纸版数据打字键入,因此规模多半不够大,对语言现象的涵盖度也不够高。所以主要是用来提供线索,供研究人员进一步将其概括化(Generalize)为通用的规则,以提高涵盖范围。但由于电子化的时代来临,越来越多的文件是直接以电子文档产生,因此建立语料库时仅须直接编辑电子文档,无须再经人工键入,建构成本大幅降低。加上网络逐渐普及,与日俱增的网页也可以当作语料库的来源。同时,共享语料库的观念也获得普遍认同,许多大规模的语料库,都可用很低廉的代价从美国 LDC(Linguistic Data Consortium,网址为 http://www.ldc.upenn.edu)获得。如此一来,语料库对语言现象的涵盖度已大幅增加,对以人工进行举一反三的概括化规则归纳工作的需求,已经大幅降低。

上述这些庞大的语料库,可以用来建立不同领域共享及各领域专属的参数集。过去的翻译系统,大多是以泛用的系统核心搭配不同领域的字典,企图解决专门领域文件的翻译问题,但是结果却不如预期。原因已如上述,在解决歧义和语法不合设定的问题时,必须使用到该领域的领域知识(Domain Knowledge),无法单靠专门用语字典。有了大量的语料库之后,我们可以从中挑选属于各领域范畴的部分,从中抽取相关之参数集,以解决领域知识的问题。

随着硬件性能的大幅跃升,电脑的计算能力和记忆容量已经不再是机器翻译系统研发的限制因素。同时语料库的规模也与日俱增,如果由人来推导模型,让机器在大量的双语语料库上进行学习获取大量参数,将可大幅降低知识获取的复杂度,而这正是以往机器翻译研发的瓶颈所在。展望未来,如果能在统计参数化模型上融合语言学的知识,并能以更适当的方式从语料库抽取相关知识,则在某些专业领域获得高品质的翻译,也是乐观可期的。如此,则机器翻译在实用化上的障碍,也终将获得解决。

8.2　中国翻译市场的现状与分析

翻译行业主要包括翻译需求公司(客户)、翻译服务公司(翻译公司)、翻译工具开发公司、翻译行业协会、翻译教育机构等,构成了翻译行业的"生态系统"(ecosystem)。

科技翻译(Technical translation)是中国翻译领域发展最为迅速的分支,本章节主要讨论中国科技翻译生态系统的现状,分析其特点和发展趋势。

8.2.1　中国翻译行业的现状

1. 客户(Translation Buyers)

根据"2002 - 2003 LISA Asia Globalization Resources Survey：Report Number 1：People's

Republic of China"的数据,中国公司大多数在公司内部进行产品的翻译工作,仅有 1/3 的公司把翻译和编辑工作委托给第三方翻译公司。不过如果翻译公司提供适当的外包翻译价格,并且具有翻译多种语言的能力,50% 的中国公司愿意考虑翻译外包。

翻译投入方面,大多数中国公司把他们总收入的 2% 用于本地化翻译项目的投入。在这些投入中,80% 的资金用于产品的本地化翻译和维护,只有 20% 的资金用于网站和电子商务的预算。

在国际化语言市场的重要性方面,中国公司认为英语和简体中文最为重要。排列第一位的是英语 53%,其次是简体中文 14%,日文 11%,韩语 7%,德语 4%,法语 3%。

2. 翻译公司(Language Service Providers)

中国提供翻译服务的公司包括三种类型:国内的翻译公司,国内的本地化公司和国外本地化公司的中国分支机构。

国内翻译公司数量庞大,据中国翻译协会(CTA)的不完全统计,中国正式注册的从事翻译服务的公司超过 3 000 家。主要客户都是中国本土的公司。北京语言大学曾经对北京、上海、武汉、广州四城市做过翻译公司的调查,他们发布的"关于中国四大城市翻译公司的调查报告"数据显示,北京翻译公司超过 400 多家。目前翻译公司经常翻译的语种有:英、日、德、法、韩、俄,翻译领域涵盖贸易、法律、电子、通信、计算机、机械、化工、石油、汽车、医药、食品、纺织体育多个行业,翻译的资料类型包括个人资料、商务文件、技术工程、法律文件和文学艺术等。这些翻译公司正式员工不多,一般 5 ~ 15 人,大量使用兼职翻译。中国目前最大的翻译公司专职翻译人员为 180 人。

中国从事本地化翻译的知名本地化公司不超过 15 家,包括国外多语言服务公司(MLV)和中国本土的区域语言服务公司(RLV),从事本地化翻译的专职人员总数大约 1 500 人。本地化翻译源语言都是英语,目标语言简体中文占绝大多数。本地化公司大都选择翻译公司作为他们的 Vendors,也使用少量的个人兼职翻译(Freelancers)。中国知名的本地化公司多成立于 1998 年之前,集中在北京和深圳,提供本地化翻译、工程、桌面排版和测试服务,主要以国外 IT 行业客户为主。

3. 翻译工具开发公司

中国翻译工具的开发包括翻译记忆工具和机器翻译工具,下面分别介绍。

雅信 CAT 是中国公司开发的计算机辅助翻译(CAT)软件,一些中国翻译公司用于国内客户的文档翻译。雅信 CAT 突出的是其超大容量的专业词汇(含近百个专业词库,500 万条词汇,10 万例句库,涉及了计算机、电子、电信、石油、纺织、化学等 70 个常用的专业)和翻译记忆功能。它与 Microsoft Word 实现了无缝对接,用户的主工作界面就是 Word 本身,支持局域网及 Internet 上的信息交换。

在机器翻译(MT)方面,中国华建集团开发的"华建多语译通"和中国计算机软件与技术服务总公司开发的"译星"比较有名。在翻译语种上,译星翻译软件包括英汉、汉英和汉日、日汉四个翻译系统,具备 Internet 网上翻译功能以及对 Word,Excel,PowerPoint 文档的翻译功能。根据网上公布的资料,在翻译速度上,译星英汉系统每小时可翻译 100 万词,译星汉英系统每小时翻译 20 万词,汉日系统每小时翻译 40 万词。从翻译质量上,对于一般复杂程度的文章,译星英汉汉英、汉日翻译系统的翻译准确率在 80% 左右。

4. 翻译行业协会和翻译标准

中国翻译协会(Translators Association of China (TAC))成立于 1982 年,是中国翻译领域的学术性、行业性非营利组织。会员由分布在中国内地 30 个省、市、区的团体会员、单位会员和个人会员组成。中国翻译协会于 1987 年正式加入国际翻译家联盟,会刊是《中国翻译》(双月刊),1980 年创刊。2003 年 11 月 27 日,中国国家标准化管理委员会批准发布了《翻译服务规范 第一部分 笔译》(GB/T 19363.1—2003)国家标准。2005 年 7 月 8 日,中国标准化协会在北京组织召开了"翻译服务译文质量要求"国家标准英文版审查会,会议通过了标准英文版的审查,并决定报送中国国家标准化管理委员会国际部审批。

5. 翻译教育机构

2006 年中国教育部正式批准广东外语外贸大学、复旦大学与河北师范大学三所高校可自 2006 年开始招收"翻译"专业(专业代码:050255S)本科生。自 20 世纪 80 年代初期,中国一些学校开始在外国语言文学下招收翻译方向的硕士研究生;20 世纪 90 年代中期开始,南京大学等高校开始培养翻译方向的博士生。

2003 年中国人事部制定了"翻译专业资格(水平)考试"(China Aptitude Test for Translators and Interpreters,CATTI)。分为口译和笔译两种,面向社会公开报名考试,语种涵盖英、日、俄、德、西班牙、阿拉伯等。

8.2.2 中国翻译行业的特点

1. 翻译规模偏小,没有形成产业

很多中国翻译公司专职人员少于 15 人,很多处于家庭作坊式运营状态,每年的营业额不超过 100 万人民币,具有良好行业品牌的翻译公司为数甚少。国内缺少培养合格科技翻译人员的专业教育和培训机构,很多中国公司的翻译项目只有少量的翻译工作选择外包,中国翻译笔译标准刚刚制定出来,实施过程缺少监控和度量,翻译协会在指导翻译行业发展,提供信息方面的功能还没有充分发挥。现阶段,翻译在中国只是一种职业,还没有形成产业。

2. 翻译公司数量众多,翻译质量参差不齐

在中国开设翻译公司的门槛很低,所以翻译公司正式注册的超过 3 000 多家,没有正式注册的各种翻译工作室更多。由于很多翻译公司声称可以承接多个行业、多种语言的翻译,内部没有采用翻译记忆工具和术语管理工具,而且专职人员很少,具有丰富经验的专职翻译更少,大多数靠兼职翻译或者层层转包,使得翻译的质量难以控制。

3. 翻译同行竞争激烈,翻译价格不断走低

中国翻译公司的客户绝大多数来自国内,为了争夺客户,不少翻译公司之间竞争激烈,经常采用低价的翻译等不规范方式。由于翻译价格不断走低,为了获得利润,常规的翻译、编辑和审核的流程经常无法保证,造成了翻译质量下降。在激烈的价格战中,很多翻译公司无法获得足够的利润,只能惨淡经营。

4. 翻译培训机构不足,科技翻译人才短缺

由于 2006 年中国才正式在高等院校设置"翻译"专业,而且社会上缺少培养科技翻译人才的培训机构,所以科技翻译人才的社会供应不足。另外,高校的翻译课程大多注重翻

译理论的论述,结合翻译公司实际翻译项目的课程很少。所以不少刚毕业的英语专业的学生到翻译公司工作后,还需要公司进行二次培训。

5.翻译公司开始尝试本地化翻译

由于客户对于本地化翻译的质量比较认可,而且本地化翻译的价格相对较高,近两年来,本地化翻译成为不少中国翻译竞相加入的新业务。70%以上的翻译公司在网站上列出它们可以承接本地化业务。它们的本地化业务大部分是本地化翻译,多数从国内知名的本地化公司承接业务,也有些翻译公司承接网站内容的本地化。由于缺少熟悉本地化翻译的专职员工,而且翻译流程不规范,不少本地化翻译业务很难顺利实施。

8.2.3 结论

随着中国经济的快速发展和对外经济、文化和科技交流的深化,中国翻译行业的发展空间越来越广阔。

翻译公司的竞争力在于通过规范的流程、专业的翻译人员、严格的质量控制和先进的翻译工具,提供给客户满意的产品和服务。

一些颇具规模的翻译公司应该在加强发展国内客户的同时,加大开拓国际市场的力度,遵守行业的国际规则,形成中国强势翻译品牌。

发展中国翻译行业需要翻译协会、高等院校、翻译公司共同推动,形成行业发展的和谐生态系统。

8.3 大数据时代翻译技术的发展

在大数据时代,数据无所不在,数据激增会导致交流需求的激增,进而促进语言服务需求的激增。大数据技术是一个综合性的技术,它反映了社会的技术性。在技术社会,它的重要特征就是技术因素比较活跃,技术发展和技术创新占主导地位,这将对翻译行业的发展产生不可估量的影响。在语言服务业,许多过去难以量化的信息都将转化为数据进行存储和处理,大量复杂的待翻译项目逐步浮出水面,所以激发并利用隐藏于数据内部尚未被发掘的价值,开拓语言服务业的蓝海是翻译行业的大势所趋。传统的翻译研究者囿于语言和文本的研究,并未充分意识到当今商业环境中翻译技术发挥的巨大作用,而传统的翻译理论也很难描述和解释现代新型的翻译技术现象和翻译技术活动。无论我们是否做好了准备,大数据时代下的翻译技术发展迅猛,全球范围内翻译研究和翻译教学将发生重大的变化。

8.3.1 大数据时代下的语言服务变革

一般认为,语言服务业包括翻译与本地化服务、语言技术工具开发、语言教学与培训、多语信息咨询等四大业务领域。语言服务业的发展离不开海量信息的高速处理,然而,在经济全球化的大背景下,信息呈指数增长,最近两年生成的数据量,相当于此前所有时代人类所生产的数据量总和,知识增长和分化已经远远超出了人类的最大承受范围,所以在信息时代,社会高速发展必须借助信息处理技术。大数据计算技术应运而生,解决了数据规模过大,传统计算方式无法在合理时间完成分析处理的技术难题,大数据技术和基于统计方法的自然语言处理技术在语音识别、机器翻译、语义索等技术领域都取得了重大突破性发展(唐智芳,于洋,2015)。近年来,语言服务和技术市场一直不断发展壮大,市场年增长额逐年递增,从 2009 年的年增长额为 250 亿美元到 2016 年为 402.7 亿美元。这种变革进而将语言服务业带入了一个全新的信息纪元:语言服务的内容不再局限于口译和笔译,而是随着时间的推移变得日趋多元化。大数据催生出许多新的业务类型,语言服务市场的结构发生了很大的变化:虽然从整体上看,2016 年,语言服务业最重要的业务还是传统的笔译和现场口译,二者总市场份额由 2013 年的 57% 增至近 73%。但是,同 2013 年相比,语言服务业新出现了会议口译(占 3.32%)、手机本地化(占 0.51%)、游戏本地化(占 0.54%)、搜索引擎优化(占 0.35%)和字幕翻译(占 1.08%),这些新兴行业市场份额虽小,但是较为稳定(CSA,2016)。同时,市场愈发多元化使得服务模式也随之产生变化。例如,现在的跨境电商中通常需要实时的多语言交流和翻译,所以即时的、动态的、碎片化的微语言服务模式登上历史舞台,多元化的语言战略也应该跟上市场的步伐,不断改变。

8.3.2　大数据时代下的翻译技术发展

大数据时代,世界是用数据来组成和表达的,我们人类已知的数据还只是冰山一角,尚有很多的数据还未得到充分的挖掘、理解和运用。在面临着海量的、混沌的、非结构化的数据时,要从中挖掘更多对特定行业有意义和价值的数据,迫切需要现代语言处理技术。在新技术驱动之下,新兴语言服务市场的重要特征是海量化、多元化、碎片化、多模态、即时性,这些特点更要求语言技术作为基础支撑。在大数据时代,以翻译为例,译文作为产品可以贴上数据标签,诸如原文的诞生、译文生命的延续、译者的风格、译文的版本管理、译文的跨国传播、译文的受众群体、译文的传播效果等诸多因素都可以进行追溯,这些都可以生成一个庞大的翻译数据库,这将对翻译教育和研究产生深远的影响。

随着信息技术的发展,尤其是在近年来在云计算和大数据技术的推动之下,语音识别、翻译技术和翻译平台技术都得到了不断发展。在大数据时代下,语料库资源更加丰富,语音识别技术发展迅速;科大讯飞还开发了语音听写、语音输入法、语音翻译、语音学习、会议听写、舆情监控等智能化语言技术。以 SDL 为代表的翻译工具开发商也纷纷开发出基于网络的技术写作、翻译记忆、术语管理、语音识别、自动化质量保证、翻译管理等工具,并广泛应用于产业翻译实践之中。计算机辅助翻译软件也取得了重大发展,从单机版走向网络协作、走向云端,从单一的 PC 平台走向多元化的智能终端。诸如 Flitto,TryCan,Onesky 等生态整合性的众包翻译平台也受益于大数据技术蒸蒸日上。以中业科技研发的 Trycan 翻译平台为例,它依托于互联网大数据,结合语言环境和不同国家的地域等因素,同时依托于中业科技背后数万名在线兼职译员以及多重高级译员审核制度,特别是翻译时间的限制,保证了各种翻译能够在一分钟内得到解决,改变了机器翻译和人工翻译的模式,让翻译更加人性化。

8.3.3　大数据时代下的翻译教学

纵观国内翻译技术教学,传统的翻译教学起步相对较早。2006 年,教育部批准 3 所大学开设本科翻译专业(Bachelor of Translation and Interpreting, BTI);2007年,15所高校开设翻译硕士专业学位(Master of Translation and Interpreting, MTI);2011年,158所高校开设MTI,42所BTI;2012年,159所高校开设MTI,106所开设BTI;2016年,206所高校开设MTI,230所开设BTI。翻译人才本应该满足市场需求,但技术的飞速发展要求译者具备更高水平的全方位立体多元化能力,高校输送的人才很难达到企业的招聘要求。在此大背景之下,北大MTI在2009年就开始开设翻译技术、本地化建设课程,并在2013年开创语言服务管理方向的先河,现已为企业输送了几批合适的人才,但为数不多的毕业生依然难以满足企业日益增长的人才需求。2014—2015年,北京语言大学、广东外语外贸大学、西安外国语大学等开设本地化方向,旨在培养适应本地化服务市场需要的专业化人才,还有不少高校开始根据当地区域和经济发展的特点,开始和国际化企业开展定制化人才培养的战略合作。

大数据时代下,机器翻译、计算机辅助翻译技术、智能语音转写和识别技术发展迅猛。翻译技术已经从桌面转变到云端,翻译技术无处不在,语言服务市场不断变化,对人才的需求也不再同于以往。同传统翻译行业相比,现代翻译的对象、形式、流程、手段和所处环境等都发生了巨大的变化,翻译教育也应充分考虑到这种变化,才能培养出可以满足市场需求的人才。在翻译生态环境中,翻译的技术处理包括翻译技术、审校技术、质检技术、管理技术、排版技术等多道工序,与之对应是专业译员、审校人员、质检人员、项目经理和排版专员等多种角色。在该系统模型中,翻译系统的各个技术需求与人才培养系统的职业培养目标相互匹配,要求翻译教学与市场发展必须紧密结合。高校应该先分析市场,设定合理人才培养目标,再调整翻译教学的内容,在课程设置中增加市场急需的翻译技术,定向培养懂翻译、懂技术的语言服务人才。比如,在大数据助力之下,机器翻译技术取得了重大进展。以微软的机器翻译技术为例,在特定领域,利用深层神经网络技术,准确率可维持在80% ~ 90%,机器翻译系统预先翻译之后,再进行人工的编辑和审校即可完成翻译,这就是所谓的机器翻译编辑模式。相应地,译员需要知道如何与机器"合作",如何高效地进行译后编辑。那么,这一部分内容就一定要在翻译教学中涉及,这样才能保证高效人才输出与企业需求对接。

此外,翻译技术教学区别于传统的翻译教学,在实施过程中,需要借助现代教育技术和平台(如Moodle课程管理系统、Virtualclass系统以及MOOC教学模式),将现代教育的最新成果融入翻译技术课程教学之中,推动翻译教学的创新,与时俱进。

8.3.4 总结

在大数据时代,翻译技术本质上是数字人文主义下的翻译人文和技术的融合,两者相互影响、相互作用、共生共融。翻译技术是对翻译活动和翻译社会的建构和促进。在新时代背景下,翻译技术已经构成了翻译从业者不可逃脱的命运,我们应该以开放的心态拥抱新技术的发展,充分认识到技术的人文性和技术性之间的关系,充分发挥现代翻译技术的优势,根据市场的发展与时俱进,调整人才培养战略和教学大纲,培养适应时代发展和市场需求的具备综合素养的现代语言服务人才。

参 考 文 献

[1] HUTCHENS W J. Latest Development in MT Technology：Beginning a New Era in MT Research[C]. Proceedings of Machine Translation Summit－Ⅳ,Kobe,Japan,1993.

[2] 董振东. 中国机器翻译的世纪回顾[J]. 计算机世界,2000(1):37－39.

[3] 冯志伟. 自动翻译[M]. 上海:上海知识出版社,1987.

[4] 冯志伟. 自然语言机器翻译新论[M]. 北京:语文出版社,1994.

[5] 冯志伟. 自然语言的计算机处理[M]. 上海:上海外语教育出版社,1996.

[6] 冯志伟. 澄清对机器翻译的一些误解(论文提要)[J]. 现代语文(语言研究),2005(1):36.

[7] 黄果. 再建巴比塔——冯志伟研究员谈我国机器翻译发展历程[N]. 计算机世界报,1999－09－27.

[8] 刘群. 机器翻译技术的发展及其应用[J]. 术语标准化与信息技术,2002(1):27－30.

[9] 梁三云. 机器翻译与计算机辅助翻译比较分析[J]. 外语电化教学,2004(6):42－45.

[10] 刘群. 统计机器翻译综述[J]. 中文信息学报,2003(4):1－12.

[11] 刘群. 机器翻译原理与方法[Z]. 中国科学院计算机技术研究所,2009.

[12] 罗忠民,陈楚君. 信息技术与机器翻译研究[J]. 衡阳师范学院学报,2003(5):114－116.

[13] 金明. 计算机翻译技不如人:谷歌机译处于领先地位[N/OL]. 新华网,2012－11－15[2015－10－24]. http://news.xinhuanet.com/2012－11/15/c_113691324.htm.

[14] 邓静,穆雷. 象牙塔的逾越:重思翻译教学介绍[J]. 外语教学与研究,2005(4):318－320.

[15] 樊丽月,张译予,刘舒. 高校英语专业计算机辅助翻译课程探索[J]. 北方文学,2017(5):98－100.

[16] 梁爱林. 计算机辅助翻译的优势和局限性[J]. 中国民航飞行学院学报,2004(1):23－26.

[17] 徐彬. 翻译新视野——计算机辅助翻译研究[M]. 济南:山东教育出版社,2010.

[18] 余军,王朝晖. CAT 技术在本科翻译教学中的应用[J]. 西南农业大学学报(社会科学版),2012(7):135－137.

[19] 中国报告大厅. 2016 中国语言服务行业发展分析:仍面临诸多挑战[EB/OL]. (2016－12－28)[2017－08－03]http://www.chinabgao.com/k/yuyanpeixun/25668.html.

[20] ALET KRUGER. Corpus-based Translation Research：Its Development and Implicationsfor General,Literary and Bible Translation[J]. Acta Theologica Supplementum,2002,2:70－106.

[21] BAKER M. Corpus linguistics and translation studies:implications and applications[A]. In M. Baker, G. Francis and E. Toguini—Bonelli (eds.). Text and Technology:In Honour of John Sinclair[C]. Amsterdam&Philadelphia:John Benjamins,1993.

[22] BAKER M. Towards a methodology for investigating the style of a literary translator[J]. Target,2000(2):241－266.

[23] KENNEDY G. An Introduction to Corpus Linguistics[M]. London：Longman Limited,1998.

[24] LAVIOSA S. Core patterns of lexical use in a comparable corpus of English narrative prose [J]. Meta,1998(4):557 - 570.

[25] LAVIOSA S. Corpus-based Translation Studies：Theory, Findings, Applications[M]. Amsterdam/Atlanta, GA：Rodopi,2002.

[26] MANKIN E. Romancing the Rosetta Stone[EB/OL]. [2007 - 10 - 15]. http：// www. eurekalert. org/pub - releases/2003 - 07/uosc - rtr072403. php.

[27] QUIRK R, Greenbaum S, Leech G, et al. A Comprehensive Grammar of the English Language[M]. London：Longman,1985.

[28] SAPIR E. Language：An Introduction to the Study of Speech[M]. New York：Harcourt, Brace&World,1992.

[29] TYMOCZKO M. Computerized corpora and the future of translation studies[J]. Meta,1998 (4):652 - 660.

[30] 教育部语言文字应用研究所计算语言学研究室. 国家语委语料库科研成果简介[EB/ OL][2009 - 10 - 15]. http://www. china - language. gov. cn/.

[31] 雷沛华. 基于语料库的译者培养及启示[J]. 河北联合大学学报(社会科学版),2009,9 (4):148 - 150 .

[32] 王克非. 语料库翻译学——新研究范式[J]. 中国外语,2006(3):8 - 9.

[33] 王克非,黄立波. 语料库翻译学的几个术语[J]. 四川外语学院学报, 2007 (6):101 - 105.

[34] 朱玉彬,陈晓倩. 国内外四种常见计算机辅助翻译软件比较研究[J]. 外语电化教学, 2013(1) :69 - 75.

[35] 北京大学计算语言学研究所. 北京大学《人民日报》标注语料库[DB]. http://www. icl. pku. edu. cn.

[36] 北京语言大学. HSK 动态作文语料库[DB]. http://www. blcu. edu. cn/kych/H. htm.

[37] 清华大学. 汉语均衡语料库[DB]. TH - ACorpus http://www. lits. tsinghua. edu. cn/ ainlp/source. htm.

[38] 山西大学. 山西大学语料库[DB]. http://www. sxu. edu. cn/homepage/cslab/sxuc1. htm.

[39] 中央研究院. 近代汉语标记语料库[DB]. http://www. sinica. edu. tw/Early_Mandarin/.

[40] 中国科学院计算所. 双语语料库[DB]. http://mtgroup. ict. ac. cn/corpus/query_ process. php.

[41] 中文语言资源联盟[Z]. http://www. chineseldc. org/xyzy. htm.